Java Web
企业项目实战

卓国锋　郭朗 /主　编
李杨　曾敏　李玉星 /副主编

清华大学出版社
北京

内 容 简 介

本书通过项目实战的方式详细介绍了最新的 Java Web 应用的开发技术。本书的重点放在了 JSP 的基础知识和实际应用方面,注重理论与实践相结合。书中的项目来源于作者所在公司的实战项目, 并提供了详细的开发步骤,在进行项目开发的同时讲解了项目开发中所需要的基础知识。书中各章节 的知识和模块开发是相互关联的,建议读者按照书中的章节顺序进行学习,读者只要按照步骤进行操 作就基本可以掌握 Java Web 开发的基础知识。

本书由经验丰富的教师和工程师编写,书中附有项目部分源代码,供读者学习参考。本书语言深 入浅出,通俗易懂,可以作为高校项目化教学的教材,也可供 Java Web 开发的新手阅读。

本书封面贴有清华大学出版社防伪标签,无标签者不得销售。
版权所有,侵权必究。侵权举报电话: 010-62782989 13701121933

图书在版编目(CIP)数据

Java Web 企业项目实战/卓国锋,郭朗主编. --北京:清华大学出版社,2015(2020.1重印)
 ISBN 978-7-302-41105-5

Ⅰ. ①J… Ⅱ. ①卓… ②郭… Ⅲ. ①JAVA 语言-程序设计-高等学校-教材 Ⅳ. ①TP312

中国版本图书馆 CIP 数据核字(2015)第 176375 号

责任编辑:焦 虹 柴文强
封面设计:傅瑞学
责任校对:焦丽丽
责任印制:沈 露

出版发行:清华大学出版社
  网 址: http://www.tup.com.cn, http://www.wqbook.com
  地 址: 北京清华大学学研大厦 A 座   邮 编: 100084
  社 总 机: 010-62770175   邮 购: 010-62786544
  投稿与读者服务: 010-62776969, c-service@tup.tsinghua.edu.cn
  质 量 反 馈: 010-62772015, zhiliang@tup.tsinghua.edu.cn
  课 件 下 载: http://www.tup.com.cn,010-62795954

印 装 者:北京富博印刷有限公司
经   销:全国新华书店
开   本:185mm×260mm   印 张:17.75   字 数:411 千字
版   次:2015 年 12 月第 1 版   印 次:2020 年 1 月第 3 次印刷
定   价:34.50 元

产品编号:064401-01

前言 foreword

亲爱的读者朋友,感谢您独具慧眼选择了本书。本书通过项目开发实战向您充分展示出 Java 开发技术的神奇魅力,且会带您快速、轻松地进入 Java Web 的开发领域。项目化教学是目前比较流行的一种教学方法,本书正是针对项目化教学而编写的。这本书的编写花费了我们很多的心血。书中的项目来源于我们的开发项目,从项目到这本书的出版,数易其稿。本书编写期间,我们还有繁重的项目开发任务,但无论是写书还是开发,我们无时无刻不在充实、验证、记录与本书有关的内容。

JSP(Java Server Pages)是目前十分流行的 Web 开发技术,主要用于开发服务端的脚本程序和动态生成网站的内容。JSP 技术在 Web 开发中有着十分突出的优越特性,是 Java Web 开发的基础。作者根据多年的 Java Web 开发经验,通过项目实战的方式详细地阐明了最新的 Java Web 应用涉及的各种技术。希望用我们学习、教学和开发的经历、经验,启示读者,少走弯路,能够在有限的时间内快速掌握 Java Web 开发技术。在学习本书前,要求读者必须具有 Java 基础,否则阅读本书可能会有很大的困难。建议读者一定要先掌握一些 Java 基础和 Web 开发相关的知识,特别要掌握以下内容:

- 面向对象:理解类的设计原则,掌握抽象类和接口的使用。
- 类集框架:掌握集合框架的主要作用,并且可以灵活使用 Collection、Map、Iterator 等接口。
- JDBC:这是 Java Web 贯彻始终的技术。没有 JDBC,基本上 Java Web 也将失去全部意义。
- HTML:同样是 Java Web 贯彻始终的技术。

实践是掌握 Java Web 技术最迅速、有效的唯一办法。本书的程序在 Tomcat 中测试通过,读者可以按照书中介绍的详细步骤亲自动手,在本地机器上配置开发环境,然后创建和发布程序。建议读者仔细阅读项目的源代码,理解源代码的意思。

本书是我们实战项目的经验总结，它记录了开发过程中点点滴滴的经验和教训，只要认真研读本书内容，就一定能够顺利掌握 Java Web 开发的基础知识。由于时间仓促，作者水平有限，书中难免会有解释不到位的地方，希望读者能够提出宝贵的意见，我们共同交流。由于篇幅的关系及其他原因，书中对技术的讲解都很肤浅，只是入门的水平。如果读者想有更大的进步，最好是深入研究本书所提到的技术，再找几个项目来做。当你能够游刃有余地应用这些技术进行 Java Web 程序开发时，才是真正精通 JSP 的高手。

最后，希望本书能够成为"启蒙老师"，引领读者在 Java Web 的开发大道上越走越好！

编　者

目 录

第1章 网上商城系统分析 ... 1

1.1 项目需求分析 ... 1
    1.1.1 网上商城的发展趋势 ... 1
    1.1.2 项目背景 ... 1
1.2 项目可行性分析 ... 2
    1.2.1 供应链可行性 ... 2
    1.2.2 品牌可行性 ... 2
    1.2.3 规模可行性 ... 2
    1.2.4 信息积累和资源整合可行性 ... 2
    1.2.5 降低成本可行性 ... 2
1.3 项目概要设计 ... 3
1.4 网上商城的架构选择——C/S 与 B/S 架构分析 ... 4
    1.4.1 C/S 模式与 B/S 模式的比较分析 ... 4
    1.4.2 C/S 模式的优势 ... 5
    1.4.3 B/S 模式的优势 ... 5
    1.4.4 C/S 与 B/S 区别 ... 6
1.5 JSP 基础技术概述 ... 7
    1.5.1 JSP 技术概述 ... 7
    1.5.2 JSP 与其他 Web 开发工具的比较 ... 9
    1.5.3 JSP 开发 Web 的几种方式 ... 9
1.6 HTTP 及状态码介绍 ... 11
    1.6.1 HTTP 请求响应模型 ... 12
    1.6.2 HTTP 状态码 ... 13
1.7 本章知识点 ... 14
1.8 本章小结 ... 15
1.9 练习 ... 15

第 2 章　开发环境搭建 ·· 16

2.1　JDK ··· 16
2.1.1　JDK 介绍 ·· 16
2.1.2　JDK 安装 ·· 17
2.1.3　配置环境变量 ·· 17

2.2　Tomcat ·· 21
2.2.1　Tomcat 介绍 ··· 21
2.2.2　Tomcat 安装 ··· 21
2.2.3　Tomcat 配置 ··· 21
2.2.4　Tomcat 启动与关闭 ··· 23

2.3　MySQL ··· 24
2.3.1　MySQL 介绍 ·· 24
2.3.2　MySQL 安装与配置 ·· 24

2.4　Eclipse ·· 30
2.4.1　创建工程 ··· 30
2.4.2　配置 Tomcat ··· 35
2.4.3　Eclipse 调试程序 ··· 35
2.4.4　JSP 页面调试 ·· 41

2.5　Web 开发的标准目录结构 ·· 42
2.6　本章知识点 ··· 43
2.7　本章小结 ·· 43
2.8　练习 ·· 43

第 3 章　系统数据建模和界面设计 ·· 44

3.1　概述 ·· 44
3.2　数据库设计 ··· 44
3.2.1　项目 E-R 图 ·· 44
3.2.2　数据库表的设计 ·· 45
3.3　首页设计 ·· 48
3.4　数据库连接及操作类的编写 ·· 52
3.5　本章知识点 ··· 61
3.6　本章小结 ·· 61
3.7　练习 ·· 61

第 4 章　用户注册模块设计与开发 ·· 62

4.1　用户注册模块概述 ··· 62

4.2 基础知识 ··· 63
    4.2.1 修改 Eclispe 中的 JSP 文件默认字符编码 ················ 63
    4.2.2 JSP 脚本 ·· 63
    4.2.3 JSP 指令简介 ··· 65
    4.2.4 page 指令 ··· 66
    4.2.5 taglib 指令 ·· 70
    4.2.6 include 指令 ·· 70
    4.2.7 JSP 注释 ··· 72
4.3 用户注册模块的实现过程 ·· 73
    4.3.1 用户注册的界面设计 ······································· 73
    4.3.2 创建用户模型类 ·· 75
    4.3.3 开发数据访问层 ·· 79
    4.3.4 用户注册判断的实现 ······································· 86
4.4 本章知识点 ·· 87
4.5 本章小结 ··· 87
4.6 练习 ··· 88

第 5 章 用户登录模块设计与开发 ·· 89

5.1 用户登录模块概述 ·· 89
5.2 基础知识 ··· 90
    5.2.1 内置对象 ··· 90
    5.2.2 JSP 异常处理 ·· 96
    5.2.3 Cookie ·· 98
    5.2.4 DAO 设计模式 ·· 101
5.3 用户登录模块的实现过程 ·· 102
    5.3.1 用户登录界面设计 ·· 102
    5.3.2 用户登录功能的代码实现 ································· 102
5.4 用户信息查看修改功能实现过程 ·· 105
    5.4.1 用户信息查看修改功能界面设计 ························ 105
    5.4.2 主要实现代码 ··· 106
5.5 注销功能实现 ·· 110
5.6 本章知识点 ·· 112
5.7 本章小结 ··· 112
5.8 练习 ··· 113

第 6 章 系统管理模块设计与开发 ·· 114

6.1 系统管理模块概述 ·· 114

6.2 基础知识 ··· 115
   6.2.1 URL 传递参数 ·· 115
   6.2.2 Servlet ·· 115
   6.2.3 doGet()与 doPost()方法 ··· 117
   6.2.4 Servlet 注解 ·· 118
   6.2.5 Servlet 的两种配置方式 ·· 118
   6.2.6 过滤器 ·· 119
   6.2.7 页面跳转 ·· 124
   6.2.8 通过 JSP 页面调用 Servlet ·· 127
6.3 系统管理模块的实现过程 ·· 127
   6.3.1 界面设计 ·· 127
   6.3.2 管理员数据模型实现 ·· 127
   6.3.3 数据操作层接口实现 ·· 129
   6.3.4 数据操作实现 ·· 131
   6.3.5 管理员添加实现 ·· 134
   6.3.6 密码重置实现 ·· 136
   6.3.7 查看所有管理员实现 ·· 138
   6.3.8 删除管理员实现 ·· 140
6.4 使用 Filter 控制用户权限 ·· 141
   6.4.1 过滤器实现步骤 ·· 141
   6.4.2 关键代码实现 ·· 142
6.5 本章知识点 ·· 144
6.6 本章小结 ·· 144
6.7 练习 ·· 145

第 7 章 商品管理模块设计与开发 ·· 146

7.1 商品管理模块概述 ·· 146
7.2 基础知识 ·· 147
   7.2.1 JSTL ·· 147
   7.2.2 EL ·· 151
   7.2.3 JavaBean 简介 ·· 157
   7.2.4 JavaBean 的使用 ·· 158
   7.2.5 文件上传与下载 ·· 160
7.3 数据模型实现 ·· 165
7.4 数据操作层实现 ·· 168
   7.4.1 数据操作接口定义 ·· 168
   7.4.2 数据操作接口实现 ·· 169
7.5 商品添加实现过程 ·· 172

7.5.1　JSP 文件实现 …………………………………………………… 172
　　　7.5.2　Servlet 类实现 …………………………………………………… 177
　7.6　商品翻页实现过程 ……………………………………………………… 181
　　　7.6.1　翻页模型 …………………………………………………………… 181
　　　7.6.2　翻页逻辑处理类实现 ……………………………………………… 182
　7.7　商品修改及删除实现过程 ……………………………………………… 183
　　　7.7.1　JSP 文件实现 …………………………………………………… 183
　　　7.7.2　Servlet 类实现 …………………………………………………… 187
　7.8　商品列表实现过程 ……………………………………………………… 189
　7.9　本章知识点 ……………………………………………………………… 192
　7.10　本章小结 ……………………………………………………………… 193
　7.11　练习 …………………………………………………………………… 193

第 8 章　商品搜索模块设计与开发 …………………………………………… 194

　8.1　商品搜索模块概述 ……………………………………………………… 194
　8.2　基础知识 ………………………………………………………………… 194
　　　8.2.1　MVC 设计模式 …………………………………………………… 194
　　　8.2.2　字符串转码 ………………………………………………………… 196
　8.3　搜索实现过程 …………………………………………………………… 198
　　　8.3.1　搜索页面设计及实现 ……………………………………………… 198
　　　8.3.2　搜索功能代码实现 ………………………………………………… 200
　8.4　本章知识点 ……………………………………………………………… 202
　8.5　本章小结 ………………………………………………………………… 202
　8.6　练习 ……………………………………………………………………… 203

第 9 章　购物车模块设计与开发 ……………………………………………… 204

　9.1　购物车模块概述 ………………………………………………………… 204
　9.2　事务处理 ………………………………………………………………… 205
　9.3　订单货物模型实现 ……………………………………………………… 207
　9.4　订单模型实现 …………………………………………………………… 209
　9.5　数据操作层实现 ………………………………………………………… 211
　　　9.5.1　订单数据操作接口定义 …………………………………………… 211
　　　9.5.2　订单货物操作接口定义 …………………………………………… 212
　　　9.5.3　订单数据操作接口实现 …………………………………………… 213
　　　9.5.4　订单货物操作接口实现 …………………………………………… 216
　9.6　浏览商品实现 …………………………………………………………… 218
　9.7　浏览次数实现 …………………………………………………………… 218

9.8 浏览商品详细信息实现 …………………………………………………… 220
9.9 购物车 Bean …………………………………………………………… 222
9.10 加入购物车功能实现 …………………………………………………… 224
9.11 浏览购物车 ……………………………………………………………… 226
9.12 修改商品数量实现 ……………………………………………………… 231
9.13 移除商品实现 …………………………………………………………… 232
9.14 收货人信息实现 ………………………………………………………… 233
9.15 收货人信息修改功能实现 ……………………………………………… 235
9.16 订单确认实现 …………………………………………………………… 236
9.17 本章知识点 ……………………………………………………………… 238
9.18 本章小结 ………………………………………………………………… 239
9.19 练习 ……………………………………………………………………… 239

第 10 章 订单管理模块设计与开发 ………………………………………… 240

10.1 订单管理模块概述 ……………………………………………………… 240
10.2 订单管理首页设计 ……………………………………………………… 240
10.3 订单号搜索的实现过程 ………………………………………………… 241
10.4 查看所有订单的实现过程 ……………………………………………… 244
10.5 查看已发货订单的实现过程 …………………………………………… 244
10.6 查看未发货订单的实现过程 …………………………………………… 245
10.7 订单列表实现 …………………………………………………………… 245
10.8 订单查看/管理实现 …………………………………………………… 247
10.9 订单查看/管理页面代码实现 ………………………………………… 249
10.10 发送订单实现 ………………………………………………………… 251
10.11 删除订单实现 ………………………………………………………… 253
10.12 本章小结 ……………………………………………………………… 254
10.13 练习 …………………………………………………………………… 254

附录 A ……………………………………………………………………………… 255

A.1 JSP 编码规范 …………………………………………………………… 255
A.2 Ajax 与 jQuery …………………………………………………………… 258
A.3 SVN ……………………………………………………………………… 267

第 1 章

网上商城系统分析

本章学习目标

通过本章学习,读者应该可以:
- 了解项目真实需求以及涉及的可行性分析、概要设计等。
- 了解 JSP 基础知识。
- 了解 C/S 与 B/S 架构的区别。
- 了解 JSP 的基础知识。
- 了解 HTTP 及状态码。

1.1 项目需求分析

1.1.1 网上商城的发展趋势

目前,网上商城呈现出了面向整体解决方案的发展趋势。这种整体解决方案的网上商城,比起层次复杂的客户/服务器结构,有更为优良的系统性能和应用效果。

网上商城还呈现出向中小用户靠拢的发展趋势。在过去,IT 的先进技术较容易在大企业获得推广应用。而网上商城则不同,它不仅易被大企业接受,同时也十分适合中小企业开拓市场发展业务的需要,因此,它很快将在规模不同的企业,包括小企业中推广。

网上商城的社会及商业环境更趋成熟。网民的消费观念和行为将发生变化,对网上商城的接受程度将不断提高。企业对网上商城的认识更深化,实施网上商城的紧迫性和自觉性都会大大提高。

1.1.2 项目背景

近年来,随着 Internet 的迅速崛起,互联网已日益成为收集、提供信息的最佳最快渠道,并快速进入传统的流通领域。互联网的跨地域性、可交互性、全天候性使其在与传统媒体行业和传统贸易行业的竞争中具有不可抗拒的优势,因而发展十分迅速。相比之下,某公司经营暴露出来的诸如销售方式单一、受众人群越来越少,成本越来越高等短板越来越突显出来，迫于行业竞争的压力，决策层决定采用线下和线上结合的策略，开发一个适合于该公司实际情况的专注于电子与图书方面的网上商城系统，以此来弥补线下销售的不足。

1.2 项目可行性分析

1.2.1 供应链可行性

供应链管理无论对传统企业还是电子商务企业都是至关重要的核心内容。某公司经过多年的传统经营及管理，积累了丰富的物质基础及管理经验，所以能够迅速地依托传统的线下经营带动线上的销售并提供强大的后勤保障。

1.2.2 品牌可行性

某公司的产品或服务经过市场的检验，在相当数量的人群中已经形成了品牌优势，这对推行线上销售提供了很好的口碑。

1.2.3 规模可行性

某公司的发展较为稳健，利润率较为固定，在市场中发展多年，已经成为较大规模的企业，对生产能力、渠道控制、货源保障等方面都能实现自身可控，能提供差异化、多品类、多层次的产品和服务，满足传统销售渠道和电子商务渠道消费群体的不同需求，规模优势隐含的人才、资金优势，可以快速投入到电子商务的发展中。这些规模对推行线上销售提供了强大的支持。

1.2.4 信息积累和资源整合可行性

某公司在多年的销售积累中已经较为准确地把握了消费者的消费习惯，并且已经建立了用户的消费记录库，这些历史数据、用户信息可以帮助该公司在开展电子商务时有的放矢地开展精确推广活动，快速集聚同类用户，并能整合已有资源为同类用户提供优质的服务。

1.2.5 降低成本可行性

某公司如果发展电商销售，另一个重要优势领域是通过互联网进行广告宣传及市场调查，构筑遍及全球的营销网络，建立无中介的销售渠道。互联网络渠道可以避开传统销售渠道中批发、零售等中间环节，使生产商与消费者直接接触。生产商可以不通过零售商而最终完成商品流通过程，既降低了流通费用和交易费用，又加快了信息流动速度，为公司的发展节约大量的成本。

1.3 项目概要设计

网上商城的系统结构如图 1-1 所示。

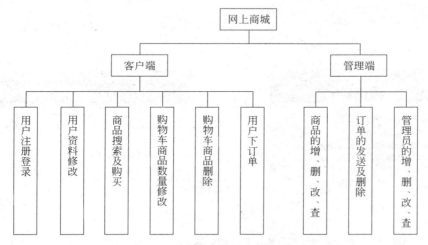

图 1-1　网上商城的系统结构

接口设计如图 1-2 所示。

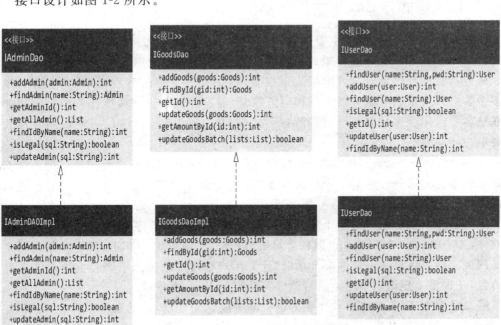

图 1-2　接口设计

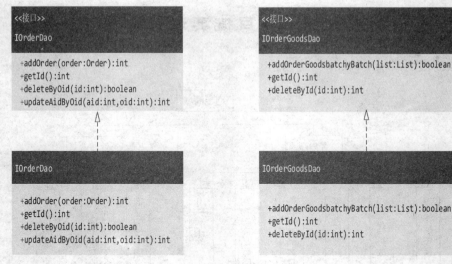

图 1-2（续）

1.4 网上商城的架构选择——C/S 与 B/S 架构分析

1.4.1 C/S 模式与 B/S 模式的比较分析

C/S(Client/Server)模式主要由客户应用程序(Client)、服务器管理程序(Server)和中间件(Middleware)三个部件组成。客户应用程序是系统中用户与数据进行交互的部件。服务器管理程序负责有效地管理系统资源，如管理一个信息数据库，其主要工作是当多个客户并发地请求服务器上的相同资源时，对这些资源进行最优化管理。中间件负责联结客户应用程序与服务器管理程序，协同完成一个作业，以满足用户查询管理数据的要求。

B/S(Browser/Server)模式是一种以 Web 技术为基础的系统平台模式。把传统 C/S 模式中的服务器部分分解为一个数据服务器与一个或多个应用服务器(Web 服务器)，从而构成一个三层结构的客户/服务器体系。

第一层客户机是用户与整个系统的接口。客户的应用程序精简到一个通用的浏览器软件，如 Netscape Navigator、微软公司的 IE 等。浏览器将 HTML 代码转化成图文并茂的网页。网页还具备一定的交互功能，允许用户在网页提供的申请表上输入信息提交给后台，并提出处理请求。这个后台就是第二层的 Web 服务器。

第二层 Web 服务器将启动相应的进程来响应这一请求，并动态生成一串 HTML 代码，其中嵌入处理的结果，返回给客户机的浏览器。如果客户机提交的请求包括数据的存取，Web 服务器还需与数据库服务器协同完成这一处理工作。

第三层数据库服务器的任务类似于 C/S 模式，负责协调不同的 Web 服务器发出的 SQ 请求，管理数据库。

1.4.2 C/S 模式的优势

首先，交互性强是 C/S 固有的一个优点。在 C/S 中，客户端有一套完整的应用程序，在出错提示、在线帮助等方面有强大的功能，并且可以在子程序间自由切换。B/S 虽然由 JavaScript、VBScript 提供了一定的交互能力，但与 C/S 的一整套客户应用相比就太有限了。

其次，C/S 模式提供了更安全的存取模式。由于 C/S 是配对的点对点的结构模式，采用适用于局域网、安全性比较好的网络协议（例如：NT 的 NetBEUI 协议），安全性可以得到较好的保证。而 B/S 采用点对多点、多点对多点这种开放的结构模式，并采用 TCP/IP 这一类运用于 Internet 的开放性协议，其安全性只能靠数据服务器上管理密码的数据库来保证。现代企业需要有开放的信息环境，需要加强与外界的联系，有的还需要通过 Internet 发展网上营销业务，这使得大多数企业将它们的内部网与 Internet 相连。由于采用 TCP/IP，用户必须采用一系列的安全措施，如构筑防火墙，来防止 Internet 的用户对企业内部信息的窃取以及外界病毒的侵入。

再次，采用 C/S 模式将降低网络通信量。B/S 采用了逻辑上的三层结构，而在物理上的网络结构仍然是原来的以太网或环形网。这样，第一层与第二层结构之间的通信、第二层与第三层结构之间的通信都需占用同一条网络线路。而 C/S 只有两层结构，网络通信量只包括客户应用程序与服务器管理程序之间的通信量。所以，C/S 处理大量信息的能力是 B/S 所无法相比的。

最后，由于 C/S 在逻辑结构上比 B/S 少一层，对于相同的任务，C/S 完成的速度总比 B/S 快，从而使得 C/S 更利于处理大量数据。

1.4.3 B/S 模式的优势

首先，它简化了客户端。它无须像 C/S 模式那样在不同的客户机上安装不同的客户应用程序，而只需安装通用的浏览器软件。这样不但可以节省客户机的硬盘空间与内存，而且使安装过程更加简便、网络结构更加灵活。假设一个企业的决策层要开一个讨论库存问题的会议，他们只需从会议室的计算机上直接通过浏览器查询数据，然后显示给大家看就可以了。甚至还可以把笔记本电脑连上会议室的网络插口，自己来查询相关的数据。

其次，它简化了系统的开发和维护。系统的开发者无须再为不同级别的用户设计开发不同的客户应用程序了，只需把所有的功能都实现在 Web 服务器上，并就不同的功能为各个组别的用户设置权限就可以了。各个用户通过 HTTP 请求在权限范围内调用 Web 服务器上不同处理程序，从而完成对数据的查询或修改。现代企业面临着日新月异的竞争环境，对企业内部运作机制的更新与调整也变得逐渐频繁。相对于 C/S，B/S 的维护具有更大的灵活性。当形势变化时，它无须再为每一个现有的客户应用程序升级，而只需对 Web 服务器上的服务处理程序进行修订。这样不但可以提高公司的运作效率，还省去了维护时不少协调工作的麻烦。如果一个公司有上千台客户机，并且分布在不同的地点,那么维护将会显得更加重要。

再次,它使用户的操作变得更简单。对于 C/S 模式,客户应用程序有自己特定的规则,使用者需要接受专门培训。而采用 B/S 模式时,客户端只是一个简单易用的浏览器软件。无论是决策层还是操作层的人员都无须培训,就可以直接使用。B/S 模式的这种特性,还使 MIS 系统维护的限制因素更少。

最后,B/S 特别适用于网上信息发布,使得传统的 MIS 的功能有所扩展。这是 C/S 所无法实现的。而这种新增的网上信息发布功能恰是现代企业所需的。这使得企业的大部分书面文件可以被电子文件取代,从而提高了企业的工作效率,使企业行政手续简化,节省人力物力。

鉴于 B/S 相对于 C/S 的先进性,B/S 逐渐成为一种流行的 MIS 系统平台。各软件公司纷纷推出自己的 Internet 方案,例如基于 Web 的财务系统、基于 Web 的 ERP。一些企业已经领先一步开始使用它,并且收到了一定的成效。B/S 模式的新颖与流行,以及在某些方面相对于 C/S 的巨大改进,使 B/S 成了 MIS 系统平台的首选。

1.4.4　C/S 与 B/S 区别

C/S 是建立在局域网的基础上的,B/S 是建立在广域网的基础上的。

(1) 硬件环境不同。

C/S 一般建立在专用的网络上,具有小范围的网络环境,局域网之间再通过专门的服务器提供连接和数据交换服务。

B/S 建立在广域网之上,不必具有专门的网络硬件环境,例如电话上网,租用设备,自己管理信息。它有比 C/S 更强的适应范围,一般只要有操作系统和浏览器就可以了。

(2) 对安全的要求不同。

C/S 一般面向相对固定的用户群,对信息安全的控制能力很强。一般高度机密的信息系统采用 C/S 结构适宜,可以通过 B/S 发布部分可公开信息。

B/S 建立在广域网之上,对安全的控制能力相对较弱,面向的是不可知的用户群。

(3) 程序架构不同。

C/S 程序可以更加注重流程,可以对权限多层次校验,可以较少考虑系统运行速度。

B/S 对安全以及访问速度的多重考虑,建立在需要更加优化的基础之上,比 C/S 有更高的要求。B/S 结构的程序架构是发展的趋势。Sun 和 IBM 公司推出的 JavaBean 构件技术等,使 B/S 更加成熟。

(4) 软件重用不同。

C/S 程序必须从整体性考虑,构件的重用性不如在 B/S 要求下的构件的重用性好。

B/S 的多重结构要求构件有相对独立的功能,能够相对较好地重用,就如买来的餐桌可以再利用,而不是做在墙上的石头桌子。

(5) 系统维护不同。

系统维护在软件生存周期中,开销较大,相当重要。

C/S 程序由于整体性的原因,必须整体考察,处理出现的问题以及系统升级较难,有时可能要再做一个全新的系统。

B/S 的构件可个别更换，从而可实现系统的无缝升级，使系统维护开销减到最小，用户从网上自己下载安装就可以实现升级。

（6）处理问题不同。

C/S 程序可以处理的用户群固定，并且在相同区域，具有安全要求较高的需求，与操作系统相关，应该都是相同的系统。

B/S 建立在广域网上，面向不同的用户群，在分散地域，这是 C/S 无法做到的。它与操作系统平台的关系最小。

（7）用户接口不同。

C/S 多建立在 Windows 平台上，表现方法有限，对程序员的要求普遍较高。

B/S 建立在浏览器上，有更加丰富和生动的表现方式与用户交流，并且大部分难度较低，降低了开发成本。

目前比较流行的 B/S 开发技术是 JSP(Java Server Pages)技术，JSP 技术已得到了广泛的应用。

基于以上的分析，网上商城系统的最佳架构选择是 B/S 模式。

1.5 JSP 基础技术概述

1.5.1 JSP 技术概述

在 Internet 发展的最初阶段，HTML 只能在浏览器中展现静态的文本或图像信息，这无法满足人们对信息丰富性和多样性的强烈需求。随着 Internet 和 Web 技术应用到商业领域，Web 技术的功能越来越强大。目前，Web 动态网站的开发技术很多，如 Servlet、JSP、ASP、PHP 等，都得到了广泛应用。JSP 是它们中的佼佼者。

JSP 是由 Sun 公司于 1999 推出的，是基于 Java Servlet 以及整个 Java 体系的 Web 开发技术。利用这一技术可以建立先进、安全和跨平台的动态网站。在传统的网页 HTML 文件（*.htm,*.html）中加入 Java 程序片段（Scriptlet）和 JSP 标记，就构成了 JSP 网页（*.jsp）。Web 服务器在收到访问 JSP 网页的请求时，首先执行其中的程序片段，然后将执行结果以 HTML 格式返回给客户。程序片段可以操作数据库，重新定向网页，发送 E-mail 等，这就是建立动态网站所需要的功能。JSP 所有程序操作都在服务器端执行，网络上传送给客户端的仅是得到的结果，对客户浏览器的要求较低。

Servlet 是 JSP 技术的发展前身，它是 Java 技术对 CGI 编程的回应。Servlet 程序在服务器端运行，动态生成 Web 页面。Servlet 可用 Java 语言编写，运行在 Tomcat 服务器中，能够主动生成 HTML 标记和客户端需要的数据，并能够将生成的数据返回到客户端。与传统的 CGI 和许多其他类似 CGI 的技术相比，Java Servlet 具有更高的效率，更容易使用，功能更强大，并且具有更好的可移植性，更节省投资，其优势如表 1-1 所示。

表 1-1 Servlet 的优势

优势	说 明
高效	在传统的 CGI 中，每个请求都要启动一个新的进程，如果 CGI 程序本身的执行时间较短，启动进程所需要的开销很可能超过实际执行时间。而在 Servlet 中，每个请求由一个轻量级的 Java 线程处理（而不是重量级的操作系统进程）； 在传统 CGI 中，如果有 N 个并发的对同一 CGI 程序的请求，则该 CGI 程序的代码在内存中重复装载了 N 次；而对于 Servlet，处理请求的是 N 个线程，只需要一份 Servlet 类代码。在性能优化方面，Servlet 也比 CGI 有着更多的选择，比如缓冲以前的计算结果，保持数据库连接的活动等
方便	Servlet 提供了大量的实用工具例程，例如自动地解析和解码 HTML 表单数据，读取和设置 HTTP 头，处理 Cookie，跟踪会话状态等
功能强大	在 Servlet 中，可以完成许多使用传统 CGI 程序很难完成的任务。例如，Servlet 能够直接和 Web 服务器交互，而普通的 CGI 程序不能。Servlet 还能够在各个程序之间共享数据，很容易实现数据库连接池之类的功能
可移植性好	Servlet 用 Java 语言编写，Servlet API 具有完善的标准。因此，为 I-Planet Enterprise Server 写的 Servlet 无须任何实质上的改动即可移植到 Apache、Microsoft IIS 或者 WebStar。所有主流服务器都直接或间接通过插件支持 Servlet
节省投资	不仅有许多廉价甚至免费的 Web 服务器可供个人或小规模网站使用，而且对于现有的服务器，如果它不支持 Servlet 的话，要加上这部分功能也往往是免费的（或只需要极少的投资）

但遗憾的是，Servlet 具有一个致命缺点，就是所有响应代码都是通过 Servlet 程序生成的，如 HTML 标记。一个 Servlet 程序，其中大量的代码都是用来生成这些 HTML 标记响应代码，只有其中少部分代码用作数据的处理和响应；并且开发 Servlet 程序起点要求较高，Servlet 产生之后，没有像 PHP 和 ASP 那样，快速得到应用。Sun 公司结合了 Servlet 技术和 ASP 技术等特点，又推出了 JSP 技术，JSP 技术完全继承了 Servlet 技术的优势，并具备了一些新的优势。JSP 相对于 PHP 和 ASP 技术有下面几种优势，如表 1-2 所示。

表 1-2 JSP 的优势

优势	说 明
数据内容和显示分离	使用 JSP 技术，Web 开发人员可以使用 HTML 或者 XML 标记来设计和格式化最终页面，使用 JSP 标记或者小脚本来产生页面上的动态内容。产生内容的逻辑被封装在标记和 JavaBeans 群组件中，并且捆绑在小脚本中，所有的脚本在服务器端执行。如果核心逻辑被封装在标记和 JavaBeans 中，那么其他人，如 Web 管理人员和页面设计者，能够编辑和使用 JSP 页面，而不影响内容的产生。在服务器端，JSP 引擎解释 JSP 标记，产生所请求的内容（例如，通过存取 JavaBeans 群组件，使用 JDBC 技术存取数据库），并且将结果以 HTML（或者 XML）页面的形式发送回浏览器。这有助于作者保护自己的代码，而又保证任何基于 HTML 的 Web 浏览器的完全可用性
可重用组件	绝大多数 JSP 页面依赖于可重用且跨平台的组件（如 JavaBeans 或者 Enterprise JavaBeans）来执行应用程序所要求的更为复杂的处理。开发人员能够共享和交换执行普通操作的组件，或者使得这些组件为更多的使用者或者用户团体所使用。基于组件的方法加速了总体开发过程，并且使得各种群组织在它们现有的技能和优化结果的开发中得到平衡

续表

优势	说明
采用标记简化页面开发	Web 页面开发人员不都是熟悉脚本语言的程序设计人员。JSP 技术封装了许多功能，这些功能是在易用的、与 JSP 相关的 XML 标记中生成动态内容所需要的。标准的 JSP 标记能够存取和实例化 JavaBeans 组件，设定或者检索群组件属性，下载 Applet，以及执行用其他方法难以编码和耗时的功能

1.5.2 JSP 与其他 Web 开发工具的比较

一种技术功能越是强大，其复杂性就越高，JSP 技术也不例外。在使用 JSP 技术编写高效、安全的 Web 网站的同时，JSP 也面临入门比较困难的问题。相对于其他网页开发技术，如 ASP、PHP，三者各有特点，如表 1-3 所示。

表 1-3 JSP、PHP 和 ASP 技术比较

参数	JSP	ASP	PHP
运行速度	快	较快	较快
运行耗损	较小	较大	较大
难易程度	容易掌握	简单	简单
运行平台	绝大部分平台	Windows 平台	Windows/Unix 平台
扩展性	好	较好	较差
安全性	好	较差	好
函数支持	多	较少	多
数据库支持	多	多	多
厂商支持	多	较少	较多
对 XML 的支持	支持	不支持	支持
对组件的支持	支持	支持	不支持
对分布式处理的支持	支持	支持	不支持
应用程序	较广	较广	较广

此三者中，JSP 应该是未来发展的趋势。一些大的电子商务解决方案提供商都采用 JSP/Servlet。比较著名的如 IBM 的 E-business，它的核心技术采用 JSP/Servlet 的 WebSphere。Intershop 公司开发的 Enfinity 软件采用 JSP/Servlet 的电子商务 Application Server，而且它们声称不再开发传统软件。

1.5.3 JSP 开发 Web 的几种方式

JSP 自产生到现在，应用越来越广泛，其相关技术也越来越多，如 JavaBeans、EJB 等。相关技术的产生，使 JSP 技术更容易实现 Web 网站的开发和控制。在 JSP 网站开发技术中，经常使用下面几种组合方式，纯粹 JSP 技术实现、JSP＋JavaBeans 实现、JSP＋JavaBeans＋Servlet 实现、J2EE 实现等。不同的组合，可以称为不同的设计模式，最常用的技术是 JSP＋JavaBeans＋Servlet。

1. 纯粹 JSP 实现

使用纯粹 JSP 技术实现动态网站开发，是 JSP 初学者经常使用的技术。JSP 页面中所有的代码都是在同一个页面，如<html>标记、<css>标记、<javascript>标记、逻辑处理、数据库处理代码等。这么多代码混合在一个页面中，容易出现错误，而且不容易查找和调试。这时设计出的网站，采用 JSP 技术还是采用 ASP 技术就没有什么大的差别了。

2. JSP+JavaBeans 实现

JSP+JavaBeans 技术的使用，很好地达到了页面静态部分和动态部分相互分离。在这种技术中，使用 JSP 技术中的 HTML、CSS 等可以非常容易地构建数据显示页面，而对于数据处理，可以交给 JavaBeans 处理，如连接数据库代码，显示数据库代码。当执行功能代码封装到 JavaBeans 中时，同时也达到了代码重用的目的。如显示当前时间的 JavaBeans，不仅可以用在当前页面，还可以用在其他页面。这种技术的使用，已经显示出 JSP 技术的优势，但并不充分；JSP+JavaBeans+Servlet 技术的组合更加充分地显示了 JSP 的优势。

3. JSP+JavaBeans+Servlet 实现

JSP+JavaBeans+Servlet 技术的组合很好地实现了 MVC 模式，MVC 模式是应该提倡学习和使用的一种模式。MVC 模式是 Model-View-Controller 的缩写，中文翻译为"模型-视图-控制器"，MVC 应用程序总是由这三个部分组成。Event（事件）导致控制器改变了模型或视图，或者同时改变两者。只要控制器改变了模型的数据或者属性，所有依赖的视图都会自动更新。类似地，只要控制器改变了视图，视图就会从潜在的模型中获取数据来刷新自己。MVC 模式最早是 Smalltalk 语言研究团提出的，应用于用户交互应用程序。Smalltalk 语言和 Java 语言有很多相似性，都是面向对象的语言。

MVC 模式是一个复杂的架构模式，其实现也显得非常复杂。但是，人们已经总结出了很多可靠的设计模式，多种设计模式结合在一起，使 MVC 模式的实现变得相对简单易行。视图可以看作一棵树，显然可以用 Composite Pattern 来实现。视图和模型之间的关系可以用 Observer Pattern 来实现。控制器控制视图的显示，可以用 Strategy Pattern 实现。模型通常是一个调停者（Mediator），可采用 Mediator Pattern 来实现。

现在来了解一下 MVC 三个部分在架构中处于什么位置，这样有助于理解 MVC 模式的实现。MVC 与架构的对应关系是：视图处于 Web Tier 或者是 Client Tier，通常是 JSP/Servlet，即页面的显示部分。控制器也处于 Web Tier，通常用 Servlet 来实现，即页面显示的逻辑部分的实现。模型处于 Middle Tier，通常用服务器端的 JavaBeans 或者 EJB 实现，即业务逻辑部分的实现，如图 1-3 所示。

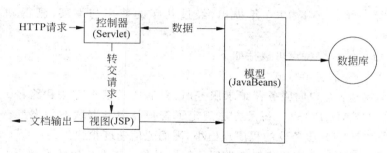

图 1-3　MVC 三个部分的形式

视图代表用户交互界面，对于 Web 应用来说，可以概括为 HTML 界面，但有可能是 XHTML、XML 和 Applet。随着应用的复杂性和规模性的提高，界面的处理也变得更加具有挑战性。一个应用可能有很多不同的视图，MVC 设计模式对于视图的处理仅限于视图上数据的采集和处理以及用户的请求，而不包括在视图上的业务流程的处理。业务流程的处理交予模型来处理。比如一个订单的视图只接受来自模型的数据，并显示给用户，以及将用户界面的输入数据和请求传递给控制和模型。

模型就是业务流程/状态的处理，以及业务规则的制定。业务流程的处理过程对其他层来说是黑箱操作，模型接受视图请求的数据，并返回最终的处理结果。业务模型的设计可以说是 MVC 最主要的核心。通过 MVC 设计模式可知，把应用的模型按一定的规则抽取出来，抽取的层次很重要，这也是判断开发人员是否优秀的依据。抽象与具体不能隔得太远，也不能太近。

控制器可以理解为从用户接受请求，将模型与视图匹配在一起，共同完成用户的请求。划分控制层的作用也很明显，它就是一个分发器，选择什么样的模型，选择什么样的视图，可以完成什么样的用户请求，控制层不做任何数据处理。例如，用户单击一个连接，控制层接受请求后，并不处理业务信息，它只把用户的信息传递给模型，告诉模型做什么，选择符合要求的视图返回给用户。因此，一个模型可能对应多个视图，一个视图可能对应多个模型。

模型、视图与控制器的分离，使得一个模型可以具有多个显示视图。如果用户通过某个视图的控制器改变了模型的数据，所有其他依赖于这些数据的视图都应反映这些变化。因此，无论何时发生了何种数据变化，控制器都会将变化通知所有的视图，导致显示的更新。这实际上是一种模型的变化-传播机制。

1.6　HTTP 及状态码介绍

在互联网中，本地的计算机如何与服务器进行交互呢？比如用户在浏览器中输入的各种信息（例如，购物时需要的姓名、年龄、地址等）是如何提交给服务器的呢？答案是通过 HTTP（Hypertext Transfer Protocol，超文本传输协议）。所谓协议（Protocol）是指"计算机通信网络中两台计算机之间进行通信所必须共同遵守的规定或规则"。

HTTP 是一个属于应用层的面向对象的协议，由于其简捷、快速的方式，适用于分布式超媒体信息系统。它于1990年提出,经过几年的使用与发展,已得到不断完善和扩展。

HTTP协议的主要特点可概括如下:

(1) 支持客户/服务器模式。

(2) 简单快速:客户向服务器请求服务时,只需传送请求方法和路径。请求方法常用的有GET、HEAD、POST。每种方法规定了客户与服务器联系的类型。由于HTTP协议简单,因此HTTP服务器的程序规模小,因而通信速度很快。

(3) 灵活:HTTP允许传输任意类型的数据对象。正在传输的类型由Content-Type加以标记。

(4) 无连接:无连接的含义是限制每次连接只处理一个请求。服务器处理完客户的请求,并收到客户的应答后,即断开连接。采用这种方式可以节省传输时间。

(5) 无状态:HTTP协议是无状态协议。无状态是指协议对于事务处理没有记忆能力。缺少状态意味着如果后续处理需要前面的信息,则它必须重传,这样可能导致每次连接传送的数据量增大。另一方面,在服务器不需要先前信息时它的应答就较快。

1.6.1 HTTP请求响应模型

HTTP由请求和响应构成,是一个标准的客户/服务器模型。HTTP协议永远都是客户端发起请求,服务器端回送响应,如图1-4所示。

图 1-4　HTTP 请求

HTTP是一个无状态的协议。无状态是指客户机(Web浏览器)和服务器之间不需要建立持久的连接,这意味着当一个客户端向服务器端发出请求,然后服务器返回响应,连接就被关闭了,在服务器端不保留连接的有关信息。HTTP遵循请求(Request)/应答(Response)模型。客户机(浏览器)端向服务器端发送请求,服务器端处理请求并返回适当的应答。所有HTTP连接都被构造成一套请求和应答。

一次HTTP操作称为一个事务,其整个工作过程如下:

(1) 地址解析。

如用客户端浏览器请求这个页面:http://localhost.com:8080/index.htm,从中分解出协议名、主机名、端口、对象路径等部分,对于这个地址,解析得到的结果如下:

协议名:http

主机名:localhost.com

端口:8080

对象路径:/index.htm

在这一步,需要域名系统 DNS 解析域名 localhost.com,得到主机的 IP 地址。

(2) 封装 HTTP 请求数据包。

把以上部分结合本机自己的信息,封装成一个 HTTP 请求数据包。

(3) 封装成 TCP 包,建立 TCP 连接(TCP 的三次握手)。

在 HTTP 工作开始之前,客户机(Web 浏览器)首先要通过网络与服务器建立连接,该连接是通过 TCP 来完成的。该协议与 IP 协议共同构建 Internet,即著名的 TCP/IP 协议族,因此 Internet 又被称作是 TCP/IP 网络。HTTP 是比 TCP 更高层次的应用层协议,根据规则,只有低层协议建立之后才能进行更层协议的连接,因此,首先要建立 TCP 连接,一般 TCP 连接的端口号是 80。这里是 8080 端口。

(4) 客户机发送请求命令。

建立连接后,客户机发送一个请求给服务器,请求方式的格式为:统一资源标识符(URL)、协议版本号,后边是 MIME 信息,包括请求修饰符、客户机信息和其他内容。

(5) 服务器响应。

服务器接到请求后,给予相应的响应信息,其格式为一个状态行,包括信息的协议版本号、一个成功或错误的代码,后边是 MIME 信息包括服务器信息、实体信息和可能的内容。

服务器向浏览器发送头信息后,会发送一个空白行来表示头信息发送到此就结束了。接着,它就以 Content-Type 应答头信息所描述的格式发送用户所请求的实际数据。

(6) 服务器关闭 TCP 连接。

一般情况下,一旦 Web 服务器向浏览器发送了请求数据,它就要关闭 TCP 连接,然后如果浏览器或者服务器在其头信息加入代码:

```
Connection:keep-alive;
```

TCP 连接在发送后将仍然保持打开状态,于是,浏览器可以继续通过相同的连接发送请求。保持连接节省了为每个请求建立新连接所需的时间,还节约了网络带宽。

1.6.2 HTTP 状态码

当浏览者访问一个网页时,浏览者的浏览器会向网页所在服务器发出请求。浏览器接收并显示网页前,此网页所在的服务器会返回一个包含 HTTP 状态码的信息头(Server Header)用以响应浏览器的请求。HTTP 状态码的英文为 HTTP Status Code。HTTP 状态码分类如表 1-4 所示。

表 1-4 HTTP 状态码分类

分 类	分 类 描 述
1**	信息,服务器收到请求,需要请求者继续执行操作
2**	成功,操作被成功接收并处理
3**	重定向,需要进一步的操作以完成请求
4**	客户端错误,请求包含语法错误或无法完成请求
5**	服务器错误,服务器在处理请求的过程中发生了错误

每种状态码都有一些比较常见的具体编码,如表 1-5 所示。

表 1-5 常见编码

No.	分类	举例	描述
1	1**	100	Web 服务器已经正确接收到请求
2	2**	200	请求成功。一般用于 GET 与 POST 请求
		201	已创建。成功请求并创建了新的资源
		202	已接受。已经接受请求,但未处理完成
		203	非授权信息。请求成功。但返回的 meta 信息不在原始的服务器,而是一个副本
		204	无内容。服务器成功处理,但未返回内容。在未更新网页的情况下,可确保浏览器继续显示当前文档
3	3**	301	永久移动。请求的资源已被永久地移动到新 URI,返回信息会包括新的 URI,浏览器会自动定向到新 URI。今后任何新的请求都应使用新的 URI 代替
		302	临时移动。与 301 类似,但资源只是临时被移动。客户端应继续使用原有 URI
		303	查看其他地址。与 301 类似,使用 GET 和 POST 请求查看
		304	未修改。所请求的资源未修改,服务器返回此状态码时,不会返回任何资源。客户端通常会缓存访问过的资源,通过提供一个头信息指出客户端希望只返回在指定日期之后修改的资源
		305	使用代理。所请求的资源必须通过代理访问
4	4**	401	请求要求用户的身份认证
		402	保留,将来使用
		403	服务器理解请求客户端的请求,但是拒绝执行此请求
		404	服务器无法根据客户端的请求找到资源(网页)。通过此代码,网站设计人员可设置"您所请求的资源无法找到"的个性页面
		405	客户端请求中的方法被禁止
		406	服务器无法根据客户端请求的内容特性完成请求
		407	请求要求代理的身份认证,与 401 类似,但请求者应当使用代理进行授权
5	5**	501	服务器不支持请求的功能,无法完成请求
		502	充当网关或代理的服务器,从远端服务器接收到了一个无效的请求
		503	由于超载或系统维护,服务器暂时无法处理客户端的请求。延时的长度可包含在服务器的 Retry-After 头信息中

1.7 本章知识点

- 项目需求分析及可行性分析。
- 项目概要设计。
- B/S 架构是对 C/S 结构的一种变化或改进的结构。这种模式统一了客户端,将系统功能实现的核心部分集中到服务器上,简化了系统的开发、维护和使用。
- HTTP 是一个属于应用层的面向对象的协议。由于其具有简捷、快速的方式,因此适用于分布式超媒体信息系统。HTTP 状态码位于 HTTP Response 的第一行中,会返回一个"三位数字的状态码"和一个"状态消息"。"三位数字的状态码"便于程序进行处理,"状态消息"更便于理解。HTTP 状态码的作用是:Web 服务器用来告诉客户端,发生了什么事。

1.8 本章小结

本章对网上商城项目进行了需求分析和概要设计,并对 C/S、B/S 模式进行了对比分析,介绍了 JSP 技术和 HTTP 协议的基本知识。通过对本章的学习,读者可以基本了解网上商城项目所必备的知识。

1.9 练习

1. 根据本章的需求描述,描述一个团购网站的需求。
2. 根据本章的概要设计,完成一个团购网站的概要设计。

第 2 章 开发环境搭建

本章学习目标

通过本章学习,读者应该可以:
- 掌握 JDK 的安装和环境变量的配置。
- 掌握 Tomcat 的安装和配置,并能启动和关闭。
- 能够安装和配置 MySQL。
- 能够安装和使用 SVN 进行版本控制。
- 初步学会使用 Eclipse 进行简单的开发。
- 初步使用 Eclipse 进行简单的程序调试。
- 掌握 Web 的目录结构。

2.1 JDK

2.1.1 JDK 介绍

JDK(Java Development Kit)是 Sun 公司针对 Java 开发的产品,是 Java 语言的软件开发工具包(SDK),主要用于移动设备、嵌入式设备上的 Java 应用程序。目前有三个版本:

(1) J2SE(standard edition,标准版):是通常用的一个版本,从 JDK 5.0 开始,改名为 Java SE。

(2) J2EE(enterprise edition,企业版):使用它开发 J2EE 应用程序,从 JDK 5.0 开始,改名为 Java EE。

(3) J2ME(micro edition):主要用于移动设备、嵌入式设备上的 Java 应用程序,从 JDK 5.0 开始,改名为 Java ME。

JDK 包含的基本组件包括:

(1) javac:编译器,将源程序转成字节码。

(2) jar:打包工具,将相关的类文件打包成一个文件。

(3) javadoc：文档生成器,从源码注释中提取文档。
(4) jdb：查错工具。
(5) java：运行编译后的 Java 程序(带有 class 后缀的)。
(6) appletviewer：小程序浏览器,一种执行 HTML 文件上的 Java 小程序的 Java 浏览器。
(7) Javah：产生可以调用 Java 过程的 C 过程,或建立能被 Java 程序调用的 C 过程的头文件。
(8) Javap：Java 反汇编器,显示编译类文件中的可访问功能和数据,同时显示字节代码含义。
(9) Jconsole：Java 进行系统调试和监控的工具。

2.1.2 JDK 安装

从 ORACLE 官网下载页面(http://www.oracle.com/technetwork/java/javase/downloads/index.html)下载相应操作系统的 JDK。

- 双击 jdk-7u15-windows-i586.exe 文件进入安装向导,如图 2-1 所示。
- 进入 JDK 安装选项,默认全部选择。若需要更改到其他路径,则单击"更改"按钮,将会弹出更改路径的界面,改变目录后,单击"确定"按钮,回到安装界面单击"下一步"按钮继续安装,如图 2-2 所示。

图 2-1 JDK 安装包

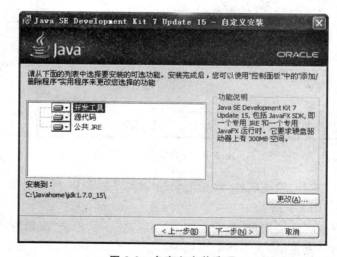

图 2-2 自定义安装选项

- 进入 jre 安装选项,如图 2-3 所示。
- 安装完毕,如图 2-4 所示。

2.1.3 配置环境变量

- 在"我的电脑"上单击右键,在弹出的快捷菜单中选择"属性",如图 2-5 所示。

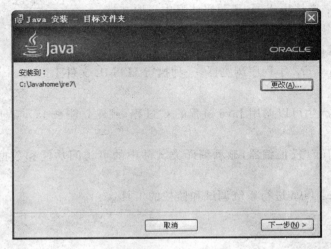

图 2-3 jre 安装

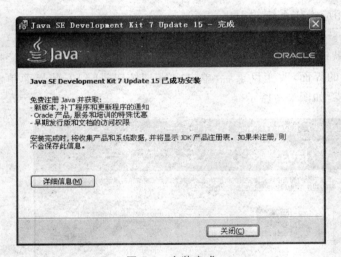

图 2-4 安装完成

图 2-5 属性选择

- 选择"系统属性"面板上面的"高级"选项卡,然后单击下面的"环境变量"按钮,如图 2-6 所示。
- 在"环境变量"里面找到 PATH 这一项,单击"编辑"按钮。在弹出的对话框上,在"变量值"文本框中添加如下语句"C:\Javahome\jdk1.7.0_15\bin;",注意不要忘了后面的分号,如图 2-7 所示。
- 单击"编辑系统变量"对话框中的"确定"按钮。
  在底部的"系统变量"列表中,查找变量名为 JAVA_HOME 的系统变量。如果没有,则单击"新建"按钮。在弹出的对话框里,在"变量名"文本框中输入"JAVA_HOME",在"变量值"文本框中输入 JDK 的安装路径 C:\Javahome\jdk1.7.0_15,如图 2-8 所示。

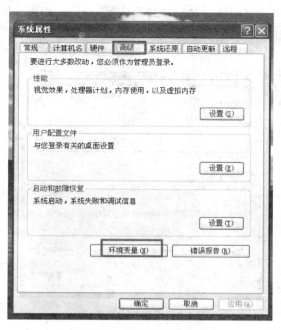

图 2-6　设置环境变量

图 2-7　设置 PATH

图 2-8　设置 JAVA_HOME

- 单击"新建系统变量"对话框中的"确定"按钮。

　　查找变量名为 CLASSPATH 的环境变量。如果没有找到该环境变量，则单击"新建"按钮，在"变量名"文本框中输入"CLASSPATH"，在"变量值"文本框中输入"C:\Javahome\jdk1.7.0_15\lib\dt.jar;C:\Javahome\jdk1.7.0_15\lib\tools.

jar;．",特别要注意的就是最后那个点一定要写上,如图 2-9 所示。

图 2-9 设置 CLASSPATH

- 依次单击"确定"按钮完成设置。如果要查看前面的安装及配置是否成功,可在操作系统的"运行"文本框中输入"cmd",按回车键进入命令行模式。在命令行模式中输入"java -version"或者"java",然后回车。如果正确输出 java 的安装版本信息,则表示 Java 环境已经顺利安装成功,如图 2-10 所示。

图 2-10 测试

2.2 Tomcat

2.2.1 Tomcat 介绍

Tomcat 是 Apache 软件基金会(Apache Software Foundation)的 Jakarta 项目中的一个核心项目,由 Apache 公司、Sun 公司和其他一些公司及个人共同开发。由于有了 Sun 公司的参与和支持,最新的 Servlet 和 JSP 规范总是能在 Tomcat 中得到体现,Tomcat 5 支持最新的 Servlet 2.4 和 JSP 2.0 规范。因为 Tomcat 技术先进、性能稳定,而且免费,因而深受 Java 爱好者的喜爱并得到了部分软件开发商的认可,成为目前比较流行的 Web 应用服务器。

Tomcat 服务器是一个免费的开放源代码的 Web 应用服务器,属于轻量级应用服务器,在中小型系统和并发访问用户不是很多的场合下被普遍使用,是开发和调试 JSP 程序的首选。对于一个初学者来说,可以这样认为,在一台机器上配置好 Apache 服务器,就可利用它响应 HTML(标准通用标记语言下的一个应用)页面的访问请求。实际上 Tomcat 部分是 Apache 服务器的扩展,但它是独立运行的,所以运行 Tomcat 时,它实际上作为一个与 Apache 独立的进程单独运行。诀窍是,当配置正确时,Apache 为 HTML 页面服务,而 Tomcat 实际上运行 JSP 页面和 Servlet。

另外,Tomcat 和 IIS 等 Web 服务器一样,具有处理 HTML 页面的功能,另外它还是一个 Servlet 和 JSP 容器。独立的 Servlet 容器是 Tomcat 的默认模式。不过,Tomcat 处理静态 HTML 的能力不如 Apache 服务器。

2.2.2 Tomcat 安装

(1) 到 http://tomcat.apache.org 下载 Tomcat 7.0 相应版本。
Windows 系统最好下载 zip 包,Linux 系统最好下载 tar 包,如图 2-11 所示。
(2) 将相应 zip 文件解压到自己电脑的任意目录下。

2.2.3 Tomcat 配置

1. 环境变量配置

添加系统环境变量的方法:选择"我的电脑"→"属性"→"高级系统设置"→"环境变量"(同 JDK)。

- 变量名:CATALINA_BASE 变量值:D:\apache-tomcat-7.0.52(Tomcat 解压到的目录)。
- 变量名:CATALINA_HOME,变量值:D:\apache-tomcat-7.0.52。
- 变量名:CATALINA_TMPDIR,变量值:D:\apache-tomcat-7.0.52。
- 变量名:Path,变量值:D:\apache-tomcat-7.0.52。

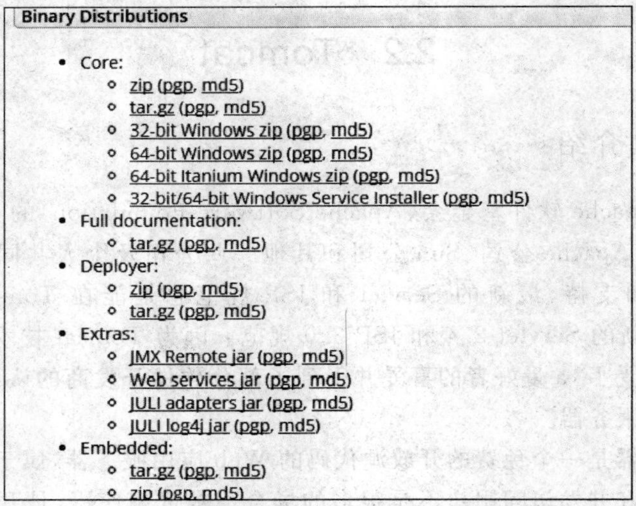

```
Binary Distributions
  • Core:
     ○ zip (pgp, md5)
     ○ tar.gz (pgp, md5)
     ○ 32-bit Windows zip (pgp, md5)
     ○ 64-bit Windows zip (pgp, md5)
     ○ 64-bit Itanium Windows zip (pgp, md5)
     ○ 32-bit/64-bit Windows Service Installer (pgp, md5)
  • Full documentation:
     ○ tar.gz (pgp, md5)
  • Deployer:
     ○ zip (pgp, md5)
     ○ tar.gz (pgp, md5)
  • Extras:
     ○ JMX Remote jar (pgp, md5)
     ○ Web services jar (pgp, md5)
     ○ JULI adapters jar (pgp, md5)
     ○ JULI log4j jar (pgp, md5)
  • Embedded:
     ○ tar.gz (pgp, md5)
     ○ zip (pgp, md5)
```

图 2-11 下载选择

2．Tomcat 服务端口配置

Tomcat 的默认服务端口是 8080，我们可以通过管理 Tomcat 的配置文件来改变该服务器端口，甚至可以通过修改配置文件让 Tomcat 同时在多个端口提供服务。

Tomcat 的配置文件都放在 conf 目录下，控制端口的配置文件也放在该目录下。打开 conf 文件下的 server.xml 文件，可看到如下代码：

```
<Connector port="8080" protocol="HTTP/1.1"
           connectionTimeout="20000"
           redirectPort="8443" />
```

可以把 port 改为相应的端口，本书保持 8080 端口不变。

3．Tomcat 控制台管理

Tomcat 一共有三个控制台：

（1）Server Status 控制台，用于监控服务器状态。

（2）Manager App 控制台，可以监控和部署 Web 应用。

（3）Host Manager 控制台。通常我们只使用 Manager App 控制台。要进入控制台首先要创建控制台用户。通过编辑 conf 文件夹下的 tomcat-users.xml 文件来增加用户，将 tomcat-users.xml 文件内容修改如下：

```
<tomcat-users>
<role rolename="manager-gui"/>
<user username="zysoft" password="123456" roles="manager-gui"/>
</tomcat-users>
```

即增加了一个用户名为 zysoft，密码为 123456 的用户。

2.2.4 Tomcat 启动与关闭

bin 目录下有 startup.bat 和 shutdown.bat 两个批处理文件。双击 startup.bat 即可启动 Tomcat；双击 shutdown.bat 即可关闭 Tomcat，如图 2-12 所示。

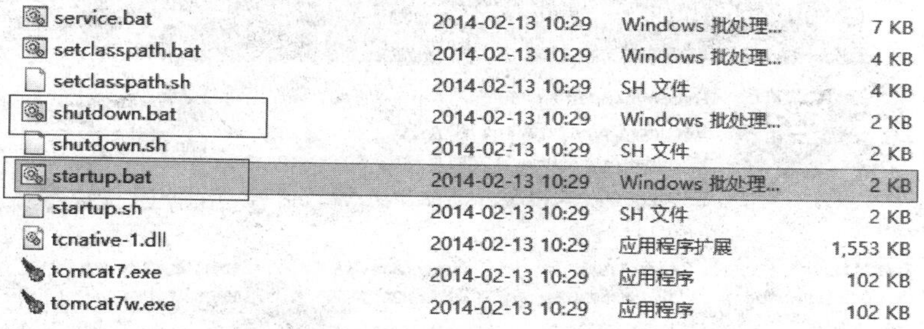

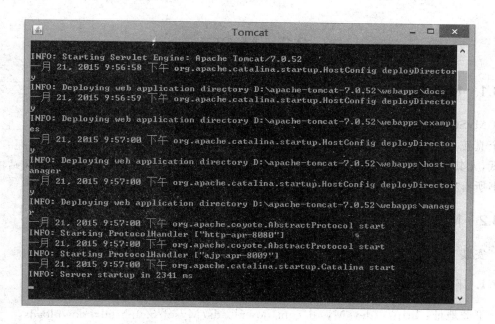

图 2-12 批处理文件

启动后，将在终端看到如下内容，如图 2-13 所示。

图 2-13 启动结束

此时在浏览器的地址栏内输入 http://localhost:8080。若出现如图 2-14 所示页面，则 Tomcat 配置成功。

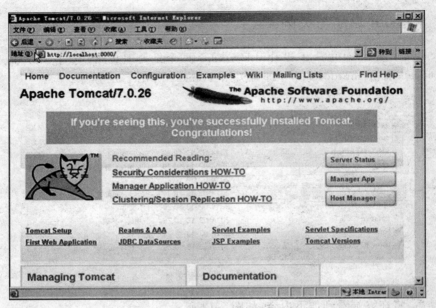

图 2-14　配置成功首页

2.3　MySQL

2.3.1　MySQL 介绍

MySQL 是由瑞典 MySQL AB 公司开发的一个小型关系型数据库管理系统。它是一个真正的多用户、多线程的 SQL 数据库服务器。由于其体积小、速度快，总体拥有成本低，尤其是开放源代码这一特点，因此已被广泛应用在 Internet 上的中小型网站中。本书所有含数据库的示例均采用 MySQL。

2.3.2　MySQL 安装与配置

安装 MySQL 的步骤如下。

1. 下载 MySQL

下载地址：http://dev.Mysql.com/downloads/Mysql/5.0.html#downloads。

2. 安装 MySQL

在下载的文件中，找到安装文件 setup.exe，双击它开始安装。在出现的窗口中，选择安装类型。安装类型有 Typical（默认）、Complete（完全）、Custom（用户自定义）3 个选项，在这里请选择 Custom，这样可以在后面的安装过程中设置相关的选项。单击 Next 按钮继续安装，如图 2-15 所示。

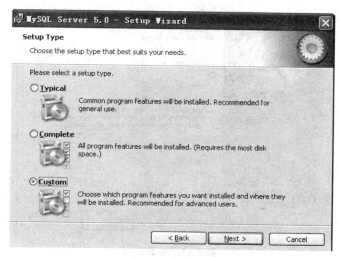

图 2-15　安装选项

接下来将设定 MySQL 的组件包和安装路径,如图 2-16 所示。

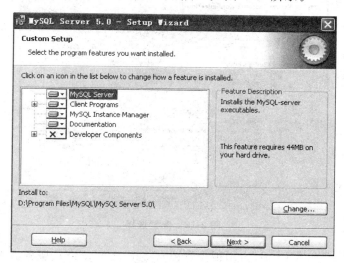

图 2-16　自定义安装

单击 Next 按钮继续安装,直至出现如图 2-17 所示的界面,单击 Finish 按钮完成 MySQL 的安装。如果在此时选中图 2-17 中的复选框,系统将启动 MySQL 的配置向导, 如图 2-18 所示。

3. 配置 MySQL 服务器

在 MySQL 配置向导启动界面,可选择配置方式 Detailed Configuration(手动精确配置)和 Standard Configuration(标准配置)。选择 Detailed Configuration 选项,此选项可以让使用者熟悉配置过程,单击 Next 按钮继续,如图 2-18 所示。

此时出现选择服务器安装类型界面,如图 2-19 所示,其中有 3 个选项:Developer

图 2-17　安装完成

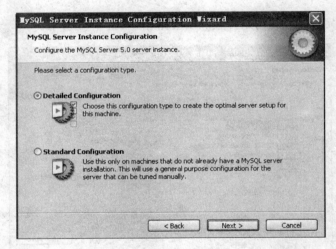

图 2-18　配置选择

Machine(开发测试类,MySQL 占用很少资源)、Server Machine(服务器类型,MySQL 占用较多资源)、Dedicated MySQL Server Machine(专门的数据库服务器,MySQL 占用所有可用资源)。一般选择 Server Machine。

4. 安装类型设置

安装类型有 4 个选项:Multifunctional Database(通用多功能型,好)、Transactional Database Only(服务器类型,专注于事务处理,一般)、Non-Transactional Database Only(非事务处理型,较简单,主要做一些监控、记数用,对 MyISAM 数据类型的支持仅限于 Non-Transactional)。这里选择 Transactional Database Only,单击 Next 按钮继续安装。

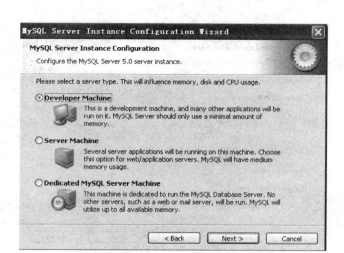

图 2-19 服务器安装选项

5. 设置网站允许链接 MySQL 的最大数目

有 3 个选项：Decision Support(DSS)/OLAP(20 个左右)、Online Transaction Processing(OLTP)(500 个左右)、Manual Setting(手动设置,输一个数)。这里选择 Online Transaction Processing(OLTP),单击 Next 按钮继续安装,如图 2-20 所示。

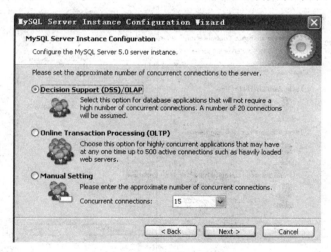

图 2-20 设置界面

6. MySQL 端口的设置

设定端口用来决定是否启用 TCP/IP 连接。如果不启用,就只能在本地的机器上访问 MySQL 数据库。这里选择启用,选中 Enable TCP/IP Networking 选项。设置 Port Number 的值为 3306,单击 Next 按钮继续安装,如图 2-21 所示。

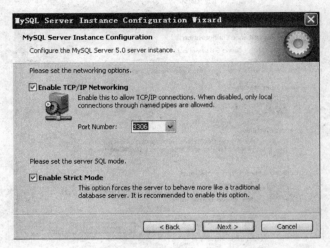

图 2-21 端口设置

7. 设置 MySQL 的字符集

此步骤比较重要,将对 MySQL 默认数据库语言编码进行设置,第一个是西文编码,第二个是多字节的 utf8 编码,建议选择第三项。然后在 Character Set 下拉列表中选择或填写"utf8",单击 Next 按钮继续安装,如图 2-22 所示。

图 2-22 设置字符集

8. 数据库注册

本步骤可以指定 Service Name(服务标识名称),将 MySQL 的 bin 目录加入到 Windows PATH(加入后,就可以直接使用 bin 下的文件,而不用指出目录名,比如连接数据库。输入"Mysql.exe -uusername -ppassword;"即可,不用指出 Mysql.exe 的完整地址,在这里建议选中 Install As Windows Service 选项,Service Name 按默认提供的即可,单击 Next 继续安装,如图 2-23 所示。

图 2-23 数据库注册

9. 权限设置

询问是否要修改默认 root 用户(超级管理)的密码(默认为空),New root password 项可以填写新密码(如果是重装,并且之前已经设置了密码,在这里更改密码时可能会出错,请留空,安装配置完成后重新修改密码)。Confirm(再输一遍)选项提示再重输一次密码,防止输错。如图 2-24 所示,Enable root access from remote machines 选项表示是否允许 root 用户在其他机器上登录。如果只允许本地用户访问,就不能选中。如果允许远程用户访问,请选中此项。Create An Anonymous Account 表示是否新建一个匿名用户。匿名用户可以连接数据库,不能操作数据或查询数据。一般不选中此项。设置完毕,单击 Next 按钮,如图 2-24 所示。

图 2-24 设置密码

至此 MySQL 安装完成，如图 2-25 所示。

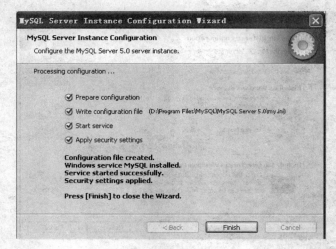

图 2-25　安装完成

2.4　Eclipse

到 Eclipse 官网下载最新版的 Eclipse，解压后即可，不需要安装，如图 2-26 和图 2-27 所示。

图 2-26　百度搜索

根据自己的需要选择 32 位或者 64 位下载。下载之后解压缩即可使用，如图 2-28 所示。

2.4.1　创建工程

环境搭建完毕之后，下面开始创建我们的第一个工程 ZyShop。操作步骤如下：

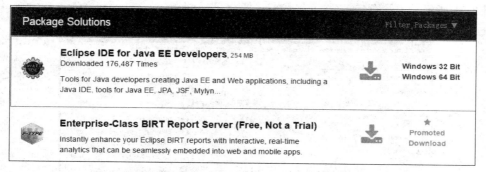

图 2-27　Eclipse 下载版本选择

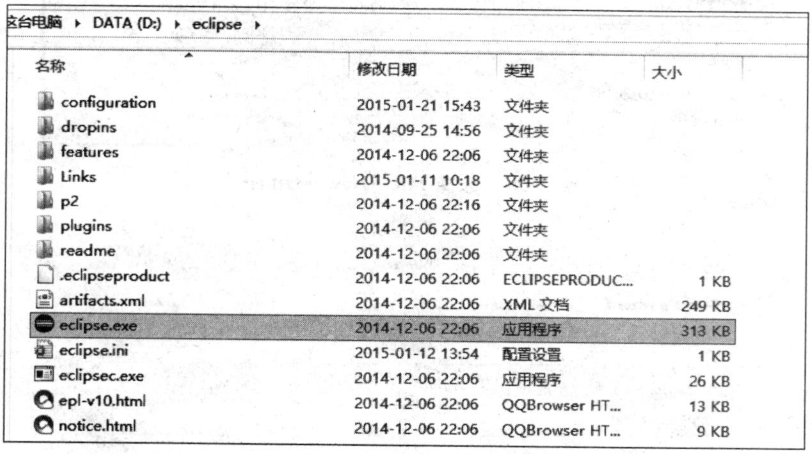

图 2-28　压缩后的文件

（1）打开 Eclipse，找到 Eclipse 的解压目录，双击 eclipse.exe，如图 2-29 所示。

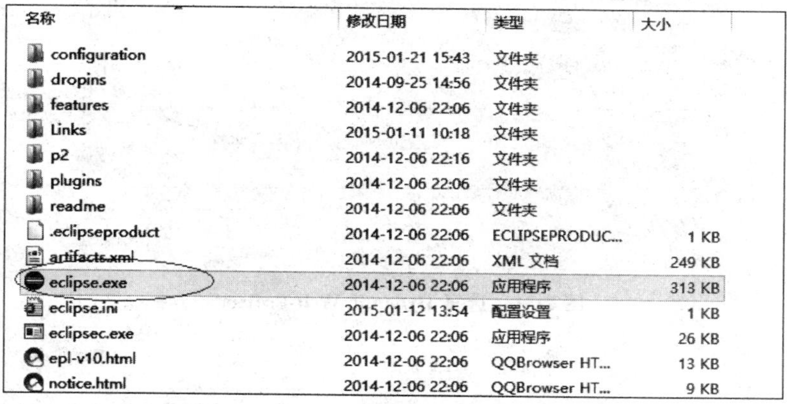

图 2-29　选择 Eclipse 可执行文件

（2）打开 Eclipse 之后，选择 File→New→Other，如图 2-30 所示。
（3）在弹出的 New 对话框中选择 Web→Dynamic Web Project，并单击 Next 按钮，

如图 2-31 所示。

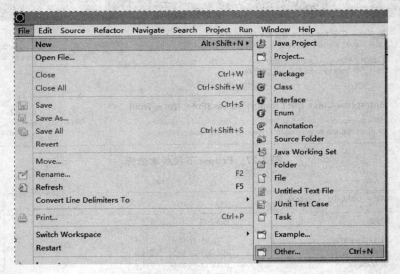

图 2-30　选择 File→New→Other

图 2-31　选择 Dynamic Web Project

小贴士

　　Dynamic Web Project 与 Static Web Project：Dynamic Web Project 是动态网站项目，包含 JSP、Servlet 等，可以进行交互；Static Web Project 是静态网站，包含的都是静态页面，无法进行交互。

(4) 在上一步单击 Next 按钮之后会进入 New Dynamic Web Project 向导页面，在 Prpject name 文本框中输入工程的名称"ZyShop"，Target runtime 选择 Apache Tomcat v7.0，其他默认即可，如图 2-32 所示。

完成之后，单击 Finish 按钮，工程创建完成。

(5) 创建完成后，如图 2-33 所示。

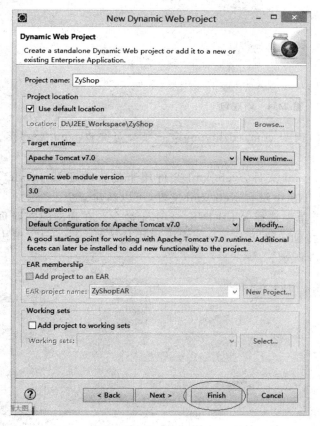

图 2-32 单击 Finish

图 2-33 创建完成的项目

(6) 为项目添加包名 com.cdzhiyong。

右击 src 文件夹，在弹出的快捷菜单中选择 New-Package 命令。在弹出的向导页面中的 Name：文本框中输入包名 com.cdzhiyong，输入完成后单击 Finish 按钮即可，如图 2-34 所示。

小贴士

Java 包名命名规则：Java 包的名字都是由小写单词组成的。由于 Java 面向对象编程的特性，每一名 Java 程序员都可以编写属于自己的 Java 包，为了保障每个 Java 包命名的唯一性，在最新的 Java 编程规范中，要求程序员在自己定义的包的名称之前加上唯一的前缀。由于互联网上的域名称是不会重复的，所以程序员一般采用自己在互联网上的

图 2-34 新建包

域名称作为自己程序包的唯一前缀,例如 com. cdzhiyong。一般公司会以 com. 公司名. 项目名. 模块名....命名。

(7) 我们的项目要有一个 web. xml 文件,web. xml 文件用来配置欢迎页、servlet、filter 等。如果新建的工程在 WEB-INF 中没有 web. xml 文件,可以新建一个。

在工程中右击,在弹出的快捷菜单中选择 WEB-INF→Other 命令。在弹出的向导页面中找到 XML File 并单击 Next 按钮。在 File name 文本框中输入"web. xml",单击 Finish 按钮完成文件创建,如图 2-35 所示。

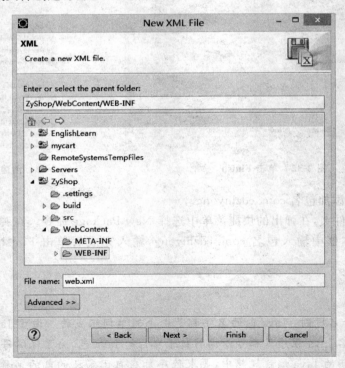

图 2-35 新建 web. xml

2.4.2 配置 Tomcat

工程创建完成以后,Web 项目需要运行在 Server 中,配置步骤如下:

(1) 右击工程名称,在弹出的快捷菜单中选择 ZyShop→Run As→Run On Server 命令,在弹出的向导页面中选择 Tomcat v7.0 Server,单击 Finish 按钮完成配置,如图 2-36 所示。

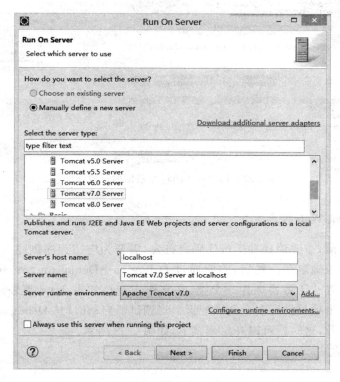

图 2-36 选择 Tomcat

(2) 再次右击工程名称,在弹出的快捷菜单中选择 ZyShop→Run As→Run On Server 命令,即可运行程序。

2.4.3 Eclipse 调试程序

编写代码的过程中用到最多的就是调试程序。Eclipse 具有一个内置的 Java 调试器,可以提供所有标准的调试功能,包括分步执行,设置断点和值,检查变量和值,挂起和恢复线程。除此之外,还可以调试远程机器上运行的应用程序。Eclipse 还有一个特殊的 Debug 透视图,用于在工作台中管理程序的调试或运行。它可以显示每个调试目标中挂起线程的堆栈框架。程序中的每个线程都显示为树中的一个节点,Debug 透视图显示了每个运行目标的进程。如果某个线程处于挂起状态,则其堆栈框架显示为子元素。Debug 透视图的一般视图如图 2-37 所示。

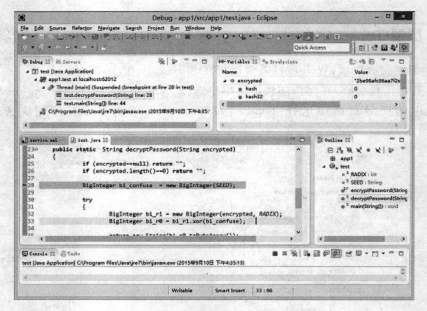

图 2-37　Eclipse Debug 透视图的一般视图

1. 调试 Java Web 程序

在调试项目前,需要编译和运行代码。首先,需要为应用程序创建一个运行配置,确保应用程序可以正确启动。然后,需要通过 Debug as→Debug on Server 菜单以类似的方式设置调试配置。还需要选择一个类,将它作为调试的主 Java 类来使用。可以按照自己的意愿为单个项目设置多个调试配置。当调试器启动时(从 Debug as 开始),会在一个新的窗口中打开,这时就可以开始调试了,如图 2-38 所示。

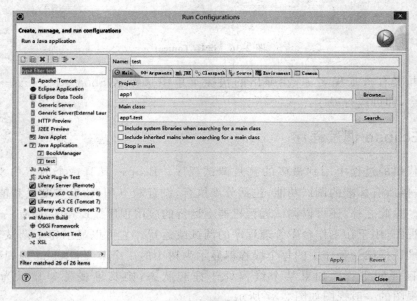

图 2-38　在调试配置中设置项目的主 Java 类

下面介绍 Eclipse 中的一些常用调试方法。

2．设置断点

在启动应用程序进行调试时，Eclipse 会自动切换到 Debug 透视图。毫无疑问，最常见的调试步骤是设置断点，这样可以检查条件语句或循环内的变量和值。要在 Java 透视图的 Package Explorer 视图中设置断点，双击选择的源代码文件，在一个编辑器中打开它。遍历代码，将鼠标放在可疑代码一行的标记栏（在编辑器区域的左侧）上，双击即可设置断点，如图 2-39 所示。

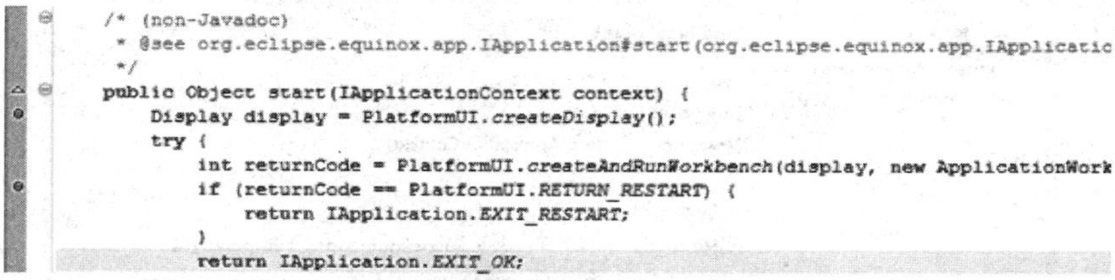

图 2-39　编辑器左侧看到的两个断点

现在，选择 Run→Debug 菜单启动调试会话。最好不要将多条语句放在一行上，因为这样会无法单步执行，也不能为同一行上的多条语句设置行断点，如图 2-40 所示。

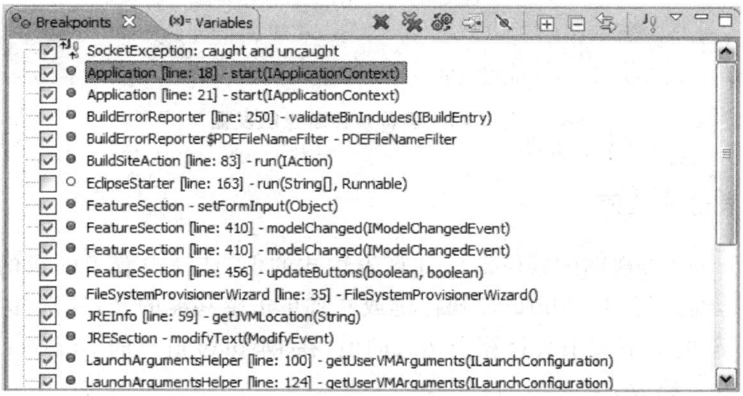

图 2-40　视图中左侧空白处的箭头指示当前正在执行的行

还有一个方便的断点视图来管理所有的断点，如图 2-41 所示。

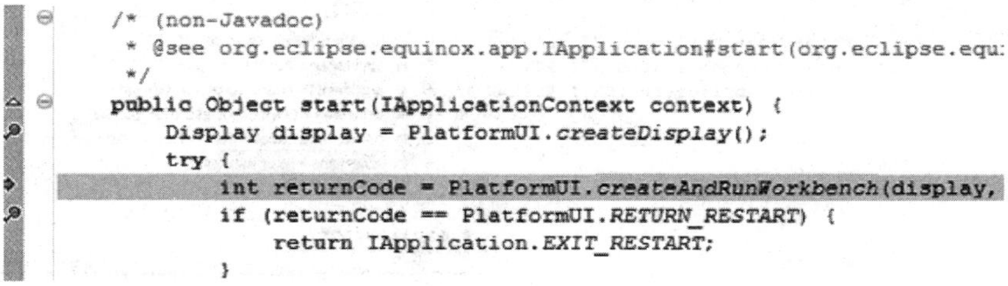

图 2-41　断点视图

3. 条件断点

了解到错误发生的位置后，可能想知道在程序崩溃之前，程序在做什么。其中一种方法就是单步执行程序的每行语句。该方法一次执行一行，直到运行到可疑的那行代码。有时，最好只运行一段代码，在可疑代码处停止运行，在这个位置检查数据。还可以声明条件断点，它在表达式值发生变化时触发。除此之外，在输入条件表达式时，也可以使用代码帮助，如图 2-42 所示。

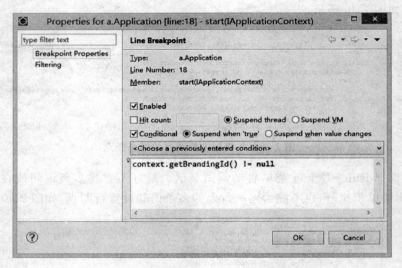

图 2-42　设置条件断点触发器

4. 计算表达式的值

为了在 Debug 透视图的编辑器中计算表达式的值，选择设置了断点的那行代码，在上下文菜单中，通过 Ctrl＋Shift＋I 快捷键或右键单击感兴趣的变量，选择 Inspect 选项。在当前堆栈框架的上下文中会计算表达式的值，在 Display 窗口的 Expressions 视图中会显示结果，如图 2-43 所示。

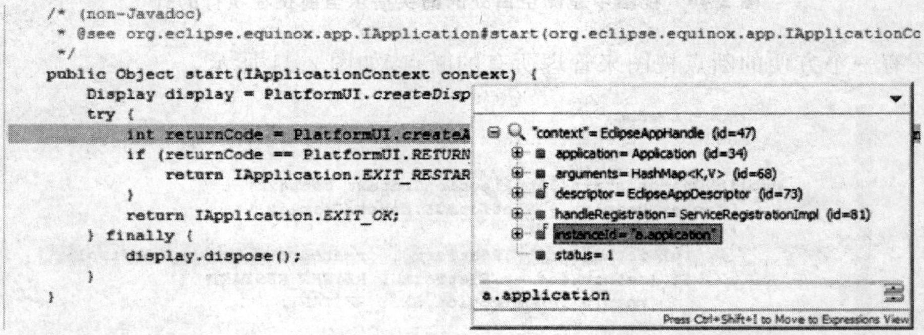

图 2-43　通过 Inspect 选项计算表达式的值

5. 剪切活动代码

Display 视图允许以剪切类型的方式处理活动代码。要处理一个变量，在 Display 视图中输入变量名即可，视图会提示一个熟悉的内容助手，如图 2-44 所示。

当调试器停止在一个断点处时，可以从 Debug 视图工具栏中选择 Step Over 选项，继续调试器会话。该操作会越过高亮显示的那行代码，继续执行同一方法中的下一行代码（或者继续执行调用当前方法的那个方法的下一行代码）。执行上一步后发生改变的变

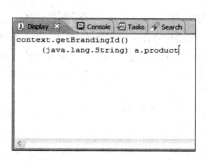

图 2-44　Display 视图

量会用某种颜色高亮显示（默认是黄色）。颜色可以在调试首选项页面中改变，如图 2-45 所示。

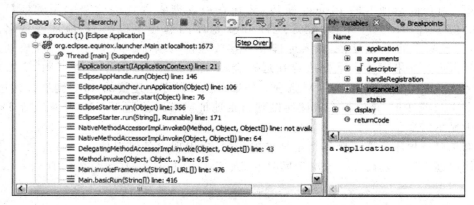

图 2-45　改变颜色的变量

要在 Debug 视图中挂起执行线程，可选择一个运行线程，单击 Debug 视图工具栏中的 Suspend。该线程的当前调用堆栈会显示出来，当前执行的代码行就会在 Debug 透视图中的编辑器中高亮显示。要挂起一个线程时，将鼠标放在 Java 编辑器中的变量上，该变量的值就会在一个小的悬停窗口中显示出来。此时，该线程的顶部堆栈框架也会自动选中，其中的可视变量也会在 Variables 视图中显示出来。可以通过单击 Variables 视图中合适的变量名来检查变量。

6. 热交换错误修正：动态代码修正

如果运行的是 Java 虚拟机（Java Virtual Machine，JVM）V1.4 或更高的版本，Eclipse 支持一个叫做热交换错误修正（Hotswap Bug Fixing）的功能，JVM V1.3 或更低的版本不支持该功能。该功能允许在调试器会话中改变源代码，这比退出应用程序，更改代码，重新编译，然后启动另一个调试会话更好。利用该功能，在编辑器中更改代码后重新调试即可。由于 JVM V1.4 与 Java 平台调试器架构（Java Platform Debugger

Architecture, JPDA)兼容,所以才有可能具备该功能。JPDA 实现了在运行的应用程序中替换经过修改的代码的功能。如果应用程序启动时间较长或执行到程序失败的地方时间很长,那么这一点特别有用。

如果在完成调试时,程序还没有全部执行一遍,则在 Debug 视图的上下文菜单中选择 Terminate 选项。容易犯的一个错误是在调试器会话中使用 Debug 或 Run,而不是 Resume。这样做会启动另一个调试器会话,而不是继续当前会话。

7. 远程调试

Eclipse 调试器提供了一个有趣的选项,可以调试远程应用程序。它可以连接到一个运行 Java 应用程序的远程 VM,将自己连接到该应用程序上去。使用远程调试会话与使用本地调试会话大致相同。但是,远程调试配置需要在 Run→Debug 窗口中配置一些不同的设置。需要在左侧视图中先选择 Remote Java Application 选项,然后单击 New 按钮。这样就创建了一个新的远程启动配置,会显示出三个选项卡:Connect、Source 和 Common。

在 Connect 选项卡的 Project 字段,选择在启动搜索源代码时要引用的项目。在 Connect 选项卡的 Host 字段,输入运行 Java 程序的远程主机的 IP 地址或域名。在 Connect 选项卡的 Port 字段,输入远程 VM 接收连接的端口。通常,该端口在启动远程 VM 时指定。如果想让调试器决定在远程会话中 Terminate 命令是否可用,可以选择 Allow termination of remote VM 选项。如果希望可以终止连接的 VM,则选择该选项。选择 Debug 选项时,调试器会尝试连接到指定地址或端口的远程 VM,结果会在 Debug 视图中显示出来。

如果启动程序不能连接到指定地址的 VM,会出现一条错误信息。通常来说,是否可以使用远程调试功能完全取决于远程主机上运行的 Java VM,如图 2-46 所示。

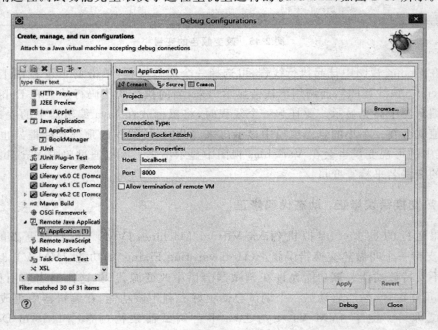

图 2-46 设置一个远程调试会话的连接属性

2.4.4 JSP 页面调试

要测试或调试一个 JSP 或 Servlet 程序是比较困难的。JSP 和 Servlet 程序牵涉到大量客户端/服务器端之间的交互，这很有可能会产生错误，并且很难重现出错的环境。下面介绍一些常用的 JSP 页面调试方法。

(1) 使用 System. out. println()。

System. out. println()可以很方便地标记一段代码是否被执行。当然，也可以打印出各种各样的值。System 对象是 Java 的核心对象，它可以在任何地方使用而不用引入额外的类。使用范围包括 Servlets、JSP、RMI、EJB's、Beans、类和独立应用。与在断点处停止运行相比，用它进行输出不会对应用程序的运行流程造成重大的影响，这个特点在定时机制非常重要的应用程序中就显得非常有用了。

(2) 使用注释。

程序中的注释可对程序的调试起到一定的帮助作用。注释可以用在调试程序的很多方面，如果一个错误消失了，请仔细查看刚注释过的代码，通常都能找出原因。

(3) 使用调试工具。

在需要调试的 JSP 脚本中，双击需要加断点的地方即可以添加断点，如图 2-47 所示。

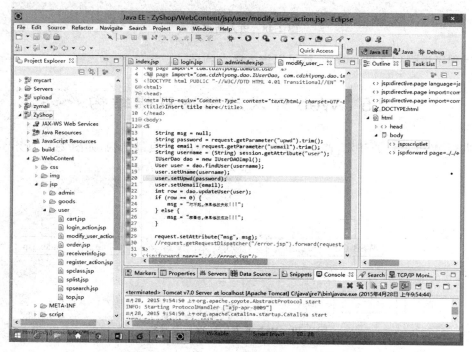

图 2-47　添加断点

然后，右击工程名称，在弹出的快捷菜单中选择 Debug as→Debug on Server 命令，如图 2-48 所示。

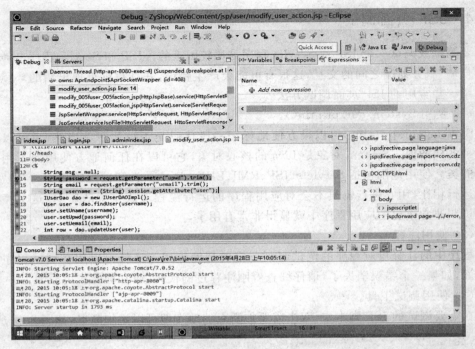

图 2-48 进入断点调试

当程序运行到这里的时候，就可以进入断点调试了。

2.5 Web 开发的标准目录结构

进行 Web 项目的开发，首先要掌握 Web 开发的标准目录结构，如图 2-49 所示。

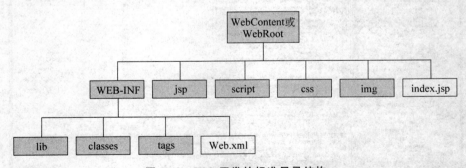

图 2-49 Web 开发的标准目录结构

从图 2-49 中可以清楚地发现，在 WEB-INF 目录中定义了一个名为 classes 的文件夹，实际上，此文件夹中可以保存所有的 *.class 文件。图 2-49 中目录的具体作用如表 2-1 所示。

表 2-1 Web 目录结构

序号	目录或文件名称	作用
1	WebContent 或 WebRoot	Web 的根目录,一般虚拟目录直接指向此文件夹,文件夹下面必然直接包含 WEB-INF
2	WEB-INF	Web 目录中最安全的文件夹,保存各种类、第三方 jar 包、配置文件
3	web.xml	Web 的部署描述符
4	classes	保存所有的 JavaBean,如果不存在,可以手工创建
5	lib	保存所有的第三方 jar 文件
6	tags	保存所有的标签文件
7	jsp	也可以以其他名字来命名,存放 *.jsp 文件,一般根据功能建立子文件夹
8	script	存放所有需要的 *.js 文件
9	css	样式表文件的保存文件夹
10	img	存放所有的图片资源,如 *.gif 或者 *.jpg 等文件

除以上的目录结构外,所有的项目基本上都会在根目录中存放一个首页文件,首页文件一般是以 index.html、index.jsp、index.htm 等命名的。也可以把 *.jsp 文件直接存放在 WebContent 文件夹中,但为了方便查询,建议新建文件夹分类存放。

2.6 本章知识点

- JDK 的安装和环境变量的配置。
- Tomcat 的安装、配置及启动、关闭。
- MySQL 的安装与配置。
- Eclipse 的安装及用 Eclipse 调试 Java 程序。
- Web 开发的标准目录结构。

2.7 本章小结

本章对网上商城项目开发所必需的环境和开发工具进行了讲解。学习本章后,读者应该能够掌握这些工具的使用和环境搭建方法。

2.8 练习

完成团购网站的开发环境搭建。
1. 安装 JDK 并配置环境变量。
2. 下载安装 Tomcat,并配置环境变量,查看运行是否成功。
3. 安装 MySQL 数据库。

第3章 系统数据建模和界面设计

本章学习目标

通过本章学习,读者应该可以:
- 掌握数据库的基本使用方法。
- 掌握 JDBC 的基本操作方法。

3.1 概述

在开发过程中经常用到一些公共类,如数据库连接及操作类和字符串处理类,因此,在开发系统前先应该编写这些公共类。

3.2 数据库设计

3.2.1 项目 E-R 图

网上商城系统包含的实体主要有商品、用户、管理员和订单等。下面分别介绍各实体和实体间的 E-R 图。

用户的 E-R 图如图 3-1 所示。管理员的 E-R 图如图 3-2 所示。

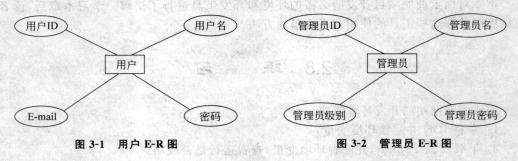

图 3-1 用户 E-R 图　　　　　　　图 3-2 管理员 E-R 图

商品的 E-R 图如图 3-3 所示。

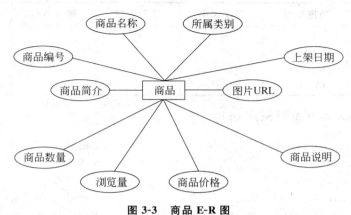

图 3-3　商品 E-R 图

订单的 E-R 图如图 3-4 所示。

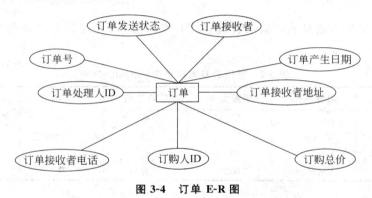

图 3-4　订单 E-R 图

3.2.2　数据库表的设计

数据库是系统设计的关键，其设计的好坏直接决定着系统的好坏。一个设计良好的数据库可以提高开发效率，方便维护，并且为以后进行功能扩展留有余地。数据库设计就像高楼大厦的地基，如果设计不好，在将来的系统维护、变更、功能扩展及后续开发中，可能会出现比较严重的错误，甚至推倒重建。

该系统由 Tomcat＋MySQL 构成，由于系统规模比较小，对数据库的要求不算高，故采用适合中小型企业使用的 MySQL 作为开发的后台数据库，而且 MySQL 从 5.0 开始支持事务处理，对数据的完整性有了保障。

本系统共有 5 张数据表，分别为用户基本信息表、管理员基本信息表、商品基本信息表、订单基本信息表、订单货物基本信息表。下面分别对各表进行介绍。

(1) 用户基本信息表：记录用户的基本信息，其主要字段分别为用户 ID、用户名、密码和用户 E-mail，如表 3-1 所示。

表 3-1 用户基本信息表（UserInfo）

字段名称	数据类型	字段大小	是否主键	是否为空	说明
UID	Int	N/A	是	否	用户 ID
Uname	Varchar	50	否	否	用户名
Upwd	Varchar	20	否	否	用户密码
Uemail	Varchar	100	否	是	用户 E-mail

建立用户基本信息表的 SQL 语句如下：

```
CREATE TABLE UserInfo(                         /*创建数据库表*/
    Uid int(11) NOT NULL,                      /*用户 ID*/
    Uname varchar(50) NOT NULL,                /*用户名*/
    Upwd varchar(20)  NOT NULL,                /*密码*/
    Uemail varchar(100) DEFAULT NULL,          /*用户 E-mail*/
    PRIMARY KEY(Uid)                           /*主键*/
)
```

（2）管理员基本信息表：记录管理员 ID、管理员名、管理员密码及管理员级别，如表 3-2 所示。

表 3-2 管理员基本信息表（AdminInfo）

字段名称	数据类型	字段大小	是否主键	是否为空	说明
AID	Int	N/A	是	否	管理员 ID
Aname	Varchar	50	否	否	管理员名
Apwd	Varchar	20	否	否	管理员密码
Alevel	Varchar	10	否	是	管理员级别

建立管理员基本信息表的 SQL 语句如下：

```
CREATE TABLE AdminInfo(                        /*创建数据库表*/
    Aid int(11) NOT NULL,                      /*管理员 ID*/
    Aname varchar(50) NOT NULL,                /*管理员名*/
    Apwd varchar(20)  NOT NULL,                /*管理员密码*/
    Alevel varchar(10) DEFAULT  '普通',         /*管理员 E-mail*/
    PRIMARY KEY(Aid)                           /*主键*/
)
```

（3）商品基本信息表：记录商品的基本信息，如表 3-3 所示。

表 3-3 商品基本信息表（GoodsInfo）

字段名称	数据类型	字段大小	是否主键	是否为空	说明
GID	Int	N/A	是	否	商品 ID
Gname	Varchar	100	否	否	商品名称
Gprice	Doubel	N/A	否	否	商品价格
Gclass	Varchar	50	否	是	商品类型

续表

字段名称	数据类型	字段大小	是否主键	是否为空	说明
Gamount	Int	N/A	否	否	商品数量
Gdate	Datetime	N/A	否	是	上架时间
Gimgurl	Varchar	100	否	是	图片URL
Glook	Int	N/A	否	是	次数浏览量
Gintro	Text	N/A	否	是	商品说明
Gbrief	Text	N/A	否	是	商品简介

建立商品基本信息表的 SQL 语句如下：

```
CREATE TABLE GoodsInfo(                              /*创建数据库表*/
    Gid int(11) NOT NULL,                            /*商品ID*/
    Gname varchar(100) NOT NULL,                     /*商品名称*/
Gpricedoubel    NOT NULL,                            /*商品价格*/
Gclass varchar(50) DEFAULT  '杂货',                  /*商品类型*/
    Gamount int(11)    NOT NULL,                     /*商品数量*/
    Gdate datetime  DEFAULT NULL,                    /*上架时间*/
Gimgurl varchar(100) DEFAULT   'img/default.jsp',    /*图片URL*/
Glook int(11) DEFAULT    '0',                        /*次数浏览量*/
Gintrotext                                           /*商品说明*/
Gbrieftext                                           /*商品简介*/
    PRIMARY KEY(Gid)                                 /*主键*/
)
```

（4）订单基本信息表：记录用户所下订单的基本信息，包括收货人及订单的基本信息，如表 3-4 所示。

表 3-4　订单基本信息表（OrderInfo）

字段名称	数据类型	字段大小	是否主键	是否为空	说明
OID	Int	N/A	是	否	订单ID
Odate	Datetime	N/A	否	否	订单日期
Aid	Int	N/A	否	是	订单处理人
Ostate	Varchar	20	否	是	订单发货状态
Orecname	Varchar	50	否	否	接收人姓名
Orecadr	Varchar	200	否	否	接收人地址
Orectel	Varchar	20	否	是	接收人电话
Uid	Int	N/A	否	是	订购人ID
Ototalprice	Double	N/A	否	是	订购总价

建立订单基本信息表的 SQL 语句如下：

```
CREATE TABLE OrderInfo(                              /*创建数据库表*/
    OID int(11) NOT NULL,                            /*订单ID*/
    Odatedatetime   DEFAULT NULL,                    /*订单日期*/
```

```
    Aid int(11)        NOT NULL,              /*订单处理人*/
    Ostate varchar(20) DEFAULT NULL,          /*订单发货状态*/
      Orecname varchar(50) NOT NULL,          /*接收人姓名*/
      Orecadrvarchar(200)  NOT NULL,          /*接收人地址*/
    Orectel varchar(20) DEFAULT NULL,         /*接收人电话*/
    Uid int(11) DEFAULT NULL,                 /*订购人ID*/
    Ototalprice double   DEFAULT NULL,        /*订购总价*/
      PRIMARY KEY(Oid)                        /*主键*/
)
```

(5) 订单货物基本信息表：记录用户订单中物品的信息，包括商品 ID 和商品数量等，如表 3-5 所示。

表 3-5 订单货物表（OrderGoods）

字段名称	数据类型	字段大小	是否主键	是否为空	说 明
Ogid	Int	N/A	是	否	订单明细表 ID
Oid	Int	N/A	否	否	订单号
Uid	Int	N/A	否	否	订购人 ID
Gid	Int	N/A	否	否	商品 ID
Ogamount	Int	N/A	否	否	商品数量
Ogtotalprice	Double	N/A	否	否	商品总价

建立订单货物基本信息表的 SQL 语句如下：

```
CREATE TABLE OrderGoods(                     /*创建数据库表*/
  Ogid   int(11) NOT NULL,                   /*订单明细表ID*/
  Oidint(11)   NOT NULL,                     /*订单号*/
  Uid  int(11)  NOT NULL,                    /*订购人ID*/
  Gid  int(11) NOT NULL,                     /*商品ID*/
    Ogamount   int(11) NOT NULL,             /*商品数量*/
    Ogtotalprice  double  NOT NULL,          /*商品总价*/
    PRIMARY KEY(Ogid)                        /*主键*/
)
```

3.3 首页设计

首页设计效果图如图 3-5 所示。页面上包括四个部分：top 部分、商品列表部分、登录/欢迎信息部分及搜索部分。

实现代码如下：

```
<%@page contentType="text/html;charset=utf-8"%>
<%@page import="com.cdzhiyong.util.DBUtil,java.util.List"%>

<html>
```

```html
<head>
<title>我的商城</title>
<link rel="stylesheet" href="${pageContext.request.contextPath}/css/pintuer.css">
<link rel="stylesheet" href="${pageContext.request.contextPath}/css/jc.css">

<script src="${pageContext.request.contextPath}/script/jquery.js"></script>
<script src="${pageContext.request.contextPath}/script/pintuer.js"></script>
<script src="${pageContext.request.contextPath}/script/respond.js"></script>
</head>

<body>
    <div class="layout bg bg-black hidden-l">
        <div class="hidden-s hidden-m x12 float-right ">
            <div class="x4  text-right height-big float-right">
                <a class="text-white">400-123-4567</a><a href="#"
                    class="win-homepage">设为首页</a>|<a href="#" class=
                    "win- favorite">加入收藏</a>
            </div>
        </div>
    </div>
    <div class="layout">
        <div
            class="line padding-big-top padding-big-bottom navbar bg-blue bg-inverse ">
            <div class="x2">
                <button class="button icon-navicon float-right"data-target=
                "#header-demo3"></button>
                <img src="img/jclogo (2). png" width =" 150" class =" padding" 
                    height="50"/>
            </div>
            <div class=" x10 padding-top  nav-navicon"id="header-demo3">
                <div class="x5 text-right ">
                    <ul class="nav nav-menu nav-inline">
                        <li class="active "><a href="#" class=" radius ">首页
                            </a></li>
                        <li><a href="adlogin.jsp">商品管理</a></li>
                        <li>< a href="${pageContext.request.contextPath}/jsp/
                            admin/ordermanage.jsp">订单管理</a></li>
                        <li> < a href =" ${ pageContext. request. contextPath }/
                            AdminManage">管理员管理</a></li>
                    </ul>
                </div>
                <div class="x5">
```

```jsp
            <%
                if(session.getAttribute("user")==null){
            %>
            <%@include file="login.jsp"%>
            <%
                } else {
                    out.println (session.getAttribute ("user")+"你好,
                    <br/>欢迎你光顾本店!!!");
                    out.println("<br/><a href='userinfo.jsp'>查看/修改
                    个人信息</a>");
                    out.println("<a href='./Logout'>[注销]</a>");
                }
            %>
            <a href=" ${ pageContext. request. contextPath }/jsp/user/
            cart.jsp"style="color:green; display:inline-block;width:
            121px; height: 45px;">购物车<fontsize="3"color="red">
            (${cart.size})</font></a>
        </div>

    </div>
</div>
<!--轮播-->
<div class="layout">
    <div class="banner">
        <div class="carousel">
            <div class="item">
                <img src="img/banner1.jpg"width="100%">
            </div>
            <div class="item">
                <img src="img/banner2.jpg"width="100%">
            </div>
            <div class="item">
                <img src="img/banner3.jpg"width="100%">
            </div>
        </div>
    </div>
</div>
<div class="layout">
    <div class="line">
        <div class="x2  margin-big-top">
            <button class="button icon-navicon"data-target="#nav-main1">
            </button>
            <ul class="nav nav-main nav-navicon text-center"id="nav-main1">
```

```jsp
            <li class="nav-head">商品分类</li>
            <%
                String sql="select distinct Gclass from GoodsInfo";
                List<String> vclass=DBUtil.getInfo(sql);
                for(String st : vclass){
            %>
            <li class=" active " > < ahref =" ${ pageContext. request.
            contextPath}/Search?cname=<%=st %>"><%=st %></a></li>
            <%
                }
            %>
        </ul>
        <br>
        <div class=" x12 " > <% @ include file ="/jsp/admin/adminsearch.
        jsp"%></div>
    </div>
        <div class="x10"><%@ include file="/jsp/user/splist.jsp"%></div>
    </div>
    </div>
</body>
</html>
```

图 3-5 系统首页

代码详解：

```jsp
        <%
            if(session.getAttribute("user")==null){
        %>
        <%@ include file="login.jsp"%>
```

```
            <%
                } else {
                    out.println (session.getAttribute ("user") +"你好,
                    <br/>欢迎你光顾本店!!!");
                    out.println("<br/><a href='userinfo.jsp'>查看/修改
                    个人信息</a>");
                    out.println("<a href='./Logout'>[注销]</a>");
                }
            %>
```

这段代码表示,如果 session 中的 user 为空,那么将包含 login.jsp 这个文件供用户登录;如果 user 为空,则显示欢迎信息,并且提供注销的接口。

3.4 数据库连接及操作类的编写

数据库连接及操作类通常包括连接数据库的方法、执行查询的方法、执行更新操作的方法、关闭数据库连接的方法。关键代码如下:

```java
public class DBUtil {

    private final static String driver="com.mysql.jdbc.Driver";
    private final String url="jdbc:mysql://localhost:3306/test";
    private final String username="root";
    private final String password="123456";
    private Connection conn;

    //定义每页显示商品的数量
    private static int span=2;

    public static int getSpan()
    {
        return span;
    }

    public static void setSpan(int i)
    {
        span=i;
    }

    static {
        try {
            Class.forName(driver);

        } catch(ClassNotFoundException e){
```

```java
            e.printStackTrace();
        }
    }

    public Connection getConnection(){
        try {
            conn=DriverManager.getConnection(url, username, password);
        } catch(SQLException e){
            e.printStackTrace();
        }
        returnconn;
    }

    /**
     * 执行查询
     * @param sql
     * @return ResultSet 结果集
     */
    public ResultSet executeQuery(String sql){
        ResultSet rs=null;
        try {
            Statement stmt=conn.createStatement();
            rs=stmt.executeQuery(sql);
            //stmt.close();
        } catch(SQLException e){
            e.printStackTrace();
        }
        return rs;
    }

    /**
     * 执行更新的方法
     * @param sql
     * @return 更新的行数
     */
    public int executeUpdate(String sql){
        int result=0;
        try {
            Statement st=conn.createStatement();
            result=st.executeUpdate(sql);
            st.close();
        } catch(SQLException e){
            e.printStackTrace();
        }
```

```java
        return result;
    }


    /**
     * 关闭数据库连接
     */
    public void closeAll(Connection conn, Statement stmt, ResultSet rs){
        try{
            if(rs !=null){
                rs.close();
            }
            if(stmt !=null){
                stmt.close();
            }
            if(conn !=null){
                conn.close();
            }
        }catch(SQLException e){
            e.printStackTrace();
        }
    }


    /**
     * 根据SQL语句获取数据的页数
     * @param sql
     * @return 页数
     */
    public static int getTotalPages(String sql){
        int total page=1;
        DBUtil db=new DBUtil();
        Connection con=db.getConnection();
        Statement st=null;
        ResultSet rs=null;
        try {
            //执行语句得到结果集
            st=con.createStatement();

            //获取结果集的元数据
            rs=st.executeQuery(sql);
//执行语句得到结果集
rs.next();
//得到总记录条数
```

```java
        int rows=rs.getInt(1);
        totalpage=rows/span;
        if(rows%span!=0)
            {
            totalpage++;
            }
        } catch(SQLException e){
            e.printStackTrace();
        }
        db.closeAll(con, st, rs);
        return totalpage;
}

/**
 * 获取当前页面中的数据
 * @param page 当前是第几页
 * @param sql
 * @return 页面内容
 */
public static List<String[]>getPageContent(intpage,String sql){
    List<String[]>lists=new ArrayList<String[]>();
    DBUtil db=new DBUtil();
    Connection con=db.getConnection();
    Statement st=null;
    ResultSet rs=null;

try {
        st=con.createStatement();

        //执行语句得到结果集
    rs=st.executeQuery(sql);
    //获取结果集的元数据
        ResultSetMetaData rsmt=rs.getMetaData();
    //得到结果集中的总列数
    int count=rsmt.getColumnCount();
    int start= (page-1) * span;
    if(start!=0)
        {
        rs.absolute(start);
        }
        inttemp=0;
    while(rs.next()&&temp<span)
        {
        temp++;
```

```java
            String[] str=new String[count];
            for(int i=0;i<str.length;i++)
            {
                str[i]=rs.getString(i+1);
            }
            lists.add(str);
        }
        db.closeAll(con, st, rs);
        } catch(SQLException e){
            e.printStackTrace();
        }
        
        returnlists;
    }
    
    /**
     * 根据SQL语句获取查询到的内容
     * @param sql
     * @return 数据列表
     */
    public static List<String[]>getInfoArr(String sql)
    {
        List<String[]> vtemp=new ArrayList<String[]>();
        try
        {
            
            DBUtil db=new DBUtil();
//得到连接
            Connection con=db.getConnection();
//声明语句
            Statement st=con.createStatement();
//执行语句得到结果集
            ResultSet rs=st.executeQuery(sql);
//获取结果集的元数据
            ResultSetMetaData rsmt=rs.getMetaData();
//得到结果集中的总列数
int count=rsmt.getColumnCount();
while(rs.next())
            {
    String[] str=new String[count];
    for(int i=0;i<count;i++)
    {
        str[i]=rs.getString(i+1);
    }
```

```java
            vtemp.add(str);
            }
    db.closeAll(con, st, rs);
        }
        catch(Exception e)
        {
            e.printStackTrace();
        }
        returnvtemp;
    }

    /**
    * 根据SQL语句获取信息
    * @param sql
    * @return 查询到的信息
    */
    public static List<String>getInfo(String sql)
    {
        List<String> vclass=new ArrayList<String>();
        try
        {
            DBUtil db=new DBUtil();
//得到连接
            Connection con=db.getConnection();
//声明语句
            Statement st=con.createStatement();
//执行语句得到结果集
            ResultSet rs=st.executeQuery(sql);
while(rs.next())
            {
    String str=rs.getString(1);
    vclass.add(str);
            }
db.closeAll(con, st, rs);
        }
        catch(Exception e)
        {
            e.printStackTrace();
        }
        returnvclass;
    }

    /**
    * 根据SQL语句判断要查询的对象是否是有效的信息
```

```java
 * @param sql
 * @return true or false
 */
public static boolean isLegal(String sql){
    boolean legal=false;
    DBUtil db=new DBUtil();
    Connection conn=db.getConnection();
    Statement stmt;
    ResultSet rs;
    try {
        stmt=conn.createStatement();
        rs=stmt.executeQuery(sql);
        if(rs.next()){
            legal=true;
        }
        db.closeAll(conn, stmt, rs);
    } catch(SQLException e){
        e.printStackTrace();
    }
    return legal;
}
```

从代码中可看到创建一个以 JDBC 连接数据库的程序步骤分为以下 7 步。

1. 加载 JDBC 驱动程序

在连接数据库之前，首先要加载想要连接的数据库的驱动到 JVM(Java 虚拟机)，通过 java.lang.Class 类的静态方法 forName(String className)实现。如上述代码构造函数中的下列程序：

```java
try {
    Class.forName(driver);
} catch(ClassNotFoundException e){
    e.printStackTrace();
}
```

2. 提供 JDBC 连接的 URL

连接 URL 定义了连接数据库时的协议、子协议、数据源标识。URL 的书写形式为："协议：子协议：数据源标识"。
- 协议：在 JDBC 中总是以 jdbc 开始；
- 子协议：是桥连接的驱动程序或是数据库管理系统的名称；
- 数据源标识：标记找到数据库来源的地址与连接端口。

例如 jdbc:mysql://localhost:3306/test。

3. 创建数据库的连接

要连接数据库，需要向 java.sql.DriverManager 请求并获得 Connection 对象，Connection 对象就代表一个数据库的连接。可以使用 DriverManager 的 getConnectin(String url, String username, String password)方法传入指定的欲连接的数据库的路径、数据库的用户名和密码来获得。例如 DBConnection 类中的 getConnection：

```
public Connection getConnection(){
    try{
        conn=DriverManager.getConnection(url, username, password);
    }catch(SQLException e){
        e.printStackTrace();
    }
    returnconn;
}
```

4. 创建一个 Statement

要执行 SQL 语句，必须获得 Statement 实例。Statement 实例分为以下 3 种类型：
- 执行静态 SQL 语句，通常通过 Statement 实例实现。
- 执行动态 SQL 语句，通常通过 PreparedStatement 实例实现。
- 执行数据库存储过程，通常通过 CallableStatement 实例实现。

具体的实现方式如下：

```
Statement stmt=conn.createStatement();
PreparedStatement pstmt=conn.prepareStatement(sql);
CallableStatement cstmt=conn.prepareCall("{CALL demoSp(,)}");
```

5. 执行 SQL 语句

Statement 接口提供了三种执行 SQL 语句的方法：executeQuery、executeUpdate 和 execute。

（1）ResultSet executeQuery(String sqlString)：执行查询数据库的 SQL 语句，返回一个结果集（ResultSet）对象。

（2）int executeUpdate(String sqlString)：执行 INSERT、UPDATE 或 DELETE 语句以及 SQL DDL 语句，如 CREATE TABLE 和 DROP TABLE 等。

（3）execute(sqlString)：执行返回多个结果集、多个更新计数或二者组合的语句。

具体实现的代码如下：

```
ResultSet rs=stmt.executeQuery("SELECT * FROM ...");
int rows=stmt.executeUpdate("INSERT INTO ...");
```

```
boolean flag=stmt.execute(String sql);
```

6. 处理结果

处理结果有两种情况：
(1) 执行更新返回的是本次操作影响到的记录数。
(2) 执行查询返回的结果是一个 ResultSet 对象。

ResultSet 包含符合 SQL 语句中条件的所有行，并且通过一套 get 方法提供了对这些行中数据的访问。使用结果集(ResultSet)对象的访问方法获取数据：

```
while(rs.next()){
    String name=rs.getString("name");
    String pass=rs.getString(1); //此方法比较高效
}
```

注意：列是从左到右编号的，并且从 1 开始。

7. 关闭 JDBC 对象

操作完成以后要把所有使用的 JDBC 对象全都关闭，以释放 JDBC 资源。关闭顺序和声明顺序相反：
(1) 关闭记录集。
(2) 关闭声明。
(3) 关闭连接对象。

代码如下：

```
if(rs !=null){                        //关闭记录集
    try{
        rs.close();
    }catch(SQLException e){
        e.printStackTrace();
    }
}
if(stmt !=null){                      //关闭声明
    try{
        stmt.close();
    }catch(SQLException e){
        e.printStackTrace();
    }
}
if(conn !=null){                      //关闭连接对象
    try{
        conn.close();
    }catch(SQLException e){
        e.printStackTrace();
```

    }
}

3.5 本章知识点

- 数据库建表的基本操作。
- 项目 E-R 图。

3.6 本章小结

本章主要介绍了网上商城 ZyShop 的数据库设计及公共模块的设计,详细介绍了 JDBC 操作的基本步骤。通过本章的学习,读者可以掌握数据库的基本操作和通过 JDBC 连接数据库的方法。

3.7 练 习

(1) 完成团购网站的首页设计。
(2) 设计团购网站的数据库,完成表的设计,并画出 E-R 图。
(3) 根据本章讲述的 JDBC 知识,完成团购网站的数据库连接操作类的编写,并测试是否可以成功连接数据库。

第 4 章

用户注册模块设计与开发

本章学习目标

通过本章的学习，读者应该可以：
- 掌握 form 表单的使用。
- 掌握 JSP 页面的基本写法。
- 掌握常用指令的操作。
- 掌握数据库连接技术。
- 掌握注解与配置文件的配置方式。
- 掌握 JSP 中使用注释的方法。
- 掌握跳转操作。

4.1 用户注册模块概述

该模块的主要功能是注册新的用户到系统中，使用户能够登录系统进行相应的操作。用户注册流程如图 4-1 所示。

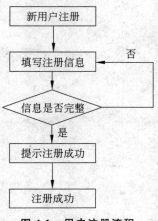

图 4-1 用户注册流程

用户在注册页面填写完整的信息后,单击"注册"按钮,系统验证成功后将会提示注册成功的信息,否则系统会继续停留在注册页面提醒注册失败,如图 4-2 所示。

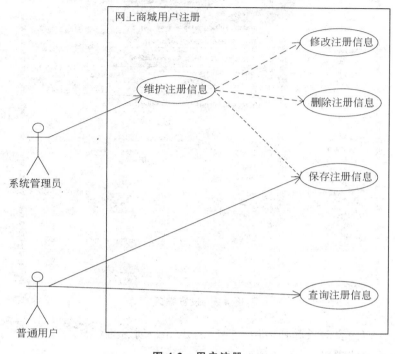

图 4-2 用户注册

4.2 基 础 知 识

4.2.1 修改 Eclispe 中的 JSP 文件默认字符编码

由 Eclispe 新建的 JSP 文件默认编码往往不是我们期望的编码,逐个修改每个文件的默认编码很麻烦,下面介绍设置编码的方法。

打开 Eclispe→Window→Perferences→Web→JSP Files,如图 4-3 所示。

在 Encoding 下拉列表中选择需要的默认编码,这里选择 UTF-8。

4.2.2 JSP 脚本

脚本代码以＜％开始,以％＞结束。包含在两个"％"之间的 JSP 脚本小程序(Scriptlets)代码,在运行时将被插入到 Java Servlet 程序的 service 方法中,并实现一定的功能。一个 JSP 脚本小程序能够包含多个 Java 语句。借助脚本小程序,我们能够在 JSP 页面中完成以下功能:

- 创建需要用到的变量和对象;
- 编写 Java 表达式;

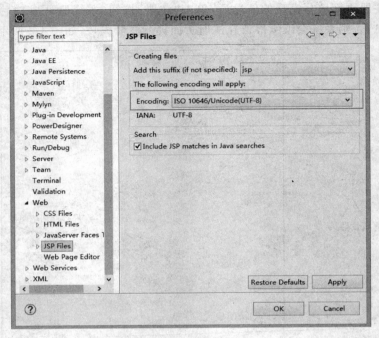

图 4-3 设置编码

- 使用任何内置对象和任何用<jsp:useBean>创建的对象;
- 完成常见的逻辑功能,如计算、求和等。

脚本小程序实质上是 Java 代码,脚本小程序中的代码直接被添加的 JSP 容器所生成的 Servlet 源文件中。由于脚本小程序是 Java 代码,所以它必须符合 Java 的相关规定。也可以这样说,脚本小程序可以实现 Java 代码的大部分功能。

在 JSP 页面中有三种脚本元素(Scripting Elements):声明、脚本小程序和表达式。

1. 声明(declaration)

声明用来在 JSP 页面中声明变量和定义方法。声明是以<%! 开头、以%>结束的标签,其中可以包含任意数量的合法的 Java 声明语句。下面是声明的一个例子:

```
<%! int count=0; %>
```

上述代码声明了一个名为 count 的变量并将其初始化为 0。声明的变量仅在页面第一次载入时由容器初始化一次,初始化后在后面的请求中一直保持该值。

下面的代码在一个标签中声明了一个变量和一个方法:

```
<%!
String color[]={"red","green","blue"};
String getColor(int i){
return color[i];
}
```

%>

也可以将上面的两个 Java 声明语句写在两个 JSP 声明标签中,例如:

```
<%! String color[]={"red", "green", "blue"}; %>
<%!
    String getColor(int i){
    return color[i];
    }
%>
```

2. 脚本小程序

脚本小程序是嵌入在 JSP 页面中的 Java 代码段。它是以＜%开头、以%＞结束的标签。例如＜% count++；%＞。

脚本小程序在每次访问页面时都被执行,因此 count 变量在每次请求时都增 1。由于脚本小程序可以包含任何 Java 代码,所以它通常用来在 JSP 页面嵌入计算逻辑。同时还可以使用脚本小程序打印 HTML 模板文本。

3. 表达式

表达式(expression)是以＜%=开头、以%＞结束的标签。它作为 Java 语言表达式的占位符,如

```
<%=count%>
```

包含一个符合 Java 语法的表达式。表达式的元素在运行后被自动转化为字符串,然后插入到这个表达式的 JSP 文件的位置显示。因为这个表达式的值已经转化为字符串,所以能在一行文本中插入这个表达式。表达式是一个简化的了的 out.println 语句。

在页面每次被访问时都要计算表达式,然后将其值嵌入到 HTML 的输出中。与变量声明不同,表达式不能以分号结束,因此下面的代码是非法的:

```
<%=count; %>
```

使用表达式可以向输出流输出任何对象或任何基本数据类型的值,也可以打印任何算术表达式、布尔表达式或方法调用返回的值。

在 JSP 表达式的百分号和等号之间不能有空格。

4.2.3 JSP 指令简介

在 JSP 中,主要有 3 种类型的指令:page、include 和 taglib。page 指令允许通过类的导入、Servlet 超类的定制、内容类型的设置,以及诸如此类的事物来控制 Servlet 的结构。page 指令可以放在文档中的任何地方。include 允许在 JSP 文件转换到 Servlet 时,将一个文件插入到 JSP 页面中。include 指令应该放置在文档中希望插入文件的地方。taglib 定义自定义的标记标签。

4.2.4 page 指令

page 指令可以定义下面这些大小写敏感的属性（大致按照使用的频率列出）：import、contentType、pageEncoding、session、isELIgnored（只限 JSP 2.0）、buffer、autoFlush、info、errorPage、isErrorPage、isThreadSafe、language 和 extends。

1. import 属性

使用 page 指令的 import 属性，可指定 JSP 页面转换成的 Servlet 应该输入的包。在 JSP 中，包是绝对必需的。原因是，如果没有使用包，系统则认为所引用的类与当前类在同一个包中。例如，假定一个 JSP 页面包含下面的 Scriptlets：

```
<%Test t=new Test(); %>
```

在此，如果 Test 在某个输入包中，则没有歧义。但是，如果 Test 不在包中，或者页面没有明确地导入 Test 所属的包，那么系统将会认为 Test 就在这个自动生成的 Servlet 所在的包中。但问题是自动生成的 Servlet 所在的包是未知的！服务器在创建 Servlet 时，常常会根据 JSP 页面所在的目录来决定它的包。别的服务器可能使用其他不同的方式。因此，不能指望不使用包的类能够正常工作。对于 bean 也同样如此，因为 bean 不过是遵循某些简单命名约定和结构约定的类。

默认情况下，Servlet 导入 java.lang.*、javax.servlet.*、javax.servlet.jsp.*、javax.servlet.http.*，也许还包括一些服务器特有的包。编写 JSP 代码时，绝不要依靠任何自动导入的服务器特有类。这样做会使得代码不可移植。

使用 import 属性时，可以采用下面两种形式：

```
<%@ page import="package.class" %>
<%@ page import="package.class1, ..., package.classN" %>
```

例如，下面的指令表示 java.util 包和 cn.foooldfat 包中的所有类在使用时无须给出明确的包标识符：

```
<%@ page import="java.util.*, cn.foooldfat.*" %>
```

import 是 page 的属性中唯一允许在同一文档中多次出现的属性。尽管 page 指令可以出现在文档中的任何地方，但一般不是将 import 语句放在文档顶部附近，就是放在相应的包首次使用之前。

2. contentType 和 pageEncoding 属性

contentType 属性设置 Content-Type 响应报头，标明即将发送到客户程序的文档的 MIME 类型。使用 contentType 属性时，可以采用下面两种形式：

```
<%@ page contentType="MIME-TYPE" %>
<%@ page contentType="MIME-Type; charset=Character-Set" %>
```

例如,指令

```
<%@page contentType="application/vnd.ms-excel" %>
```

和下面的 Scriptlets 所起到的作用基本相同

```
<%responce.setContentType("application/vnd.ms-excel"); %>
```

两种形式的第一点不同是,response.setContentType 使用明确的 Java 代码(这是一些开发人员力图避免使用的方式),而 page 指令只用到 JSP 语法。第二点不同是,指令被特殊处理,它不是在出现的位置直接成为 _jspService 代码。这意味着 response.setContentType 能够有条件地调用,而 page 指令不能。条件性地设置内容的类型主要用在同一内容能够以多种不同的形式进行显示的情况下。

不同于常规 Servlet(默认的 MIME 类型为 text/plain),JSP 页面的默认 MIME 类型是 text/html(默认字符集为 ISO-8859-1)。因此,如果 JSP 页以 Latin 字符集输出 HTML 则根本无须使用 contentType;如果希望同时更改内容的类型和字符集,可以使用下面的语句:

```
<%@page contentType="someMimeType; charset=someCharacterSet" %>
```

但是,如果只想更改字符集,使用 pageEncoding 属性更为简单。例如,中文 JSP 页面可以使用下面的语句:

```
<%@page pageEncoding="GBK" %>
```

3. session 属性

session 属性控制页面是否参与 HTTP 会话。使用这个属性时,可以采用下面两种形式:

```
<%@page session="true" %><%--Default--%>
<%@page session="false" %>
```

true 值(默认)表示,如果存在已有会话,则预定义变量 session(类型为 HttpSession)应该绑定到现有的会话;否则,创建新的会话并将其绑定到 session。false 值表示不自动创建会话,在 JSP 页面转换成 Servlet 时,对变量 session 的访问会导致错误。

对于高流量的网站,使用 session="false" 可以节省大量的服务器内存。但要注意,session="false" 并不禁用会话跟踪,它只是阻止 JSP 页面为那些尚不拥有会话的用户创建新的会话。由于会话是针对用户,不是针对页面,所以,关闭某个页面的会话跟踪没有任何益处,除非有可能在同一客户会话中访问到的相关页面都关闭会话跟踪。

4. isELIgnored 属性

isELIgnored 属性控制的是:忽略(true)JSP 2.0 表达式语言(EL),还是进行正常的求值(false)。这是 JSP 2.0 新引入的属性;在只支持 JSP 1.2 及早期版本的服务器中,使用这项属性是不合法的。这个属性的默认值依赖于 Web 应用所使用的 web.xml 的版本。如果 web.xml 指定 Servlet 2.3(对应 JSP 1.2)或更早版本,则默认值为 true(变更默认值依旧是合法的),JSP 2.0 兼容的服务器中都允许使用这项属性,不管 web.xml 的版本如何)。如果 web.xml 指定 Servlet 2.4(对应 JSP 2.0)或之后的版本,那么默认值为 false。使用这个属性时,可以采用下面两种形式:

```
<%@ page isELIgnored="false" %>
<%@ page isELIgnored="true" %>
```

5. buffer 和 autoFlush 属性

buffer 属性指定 out 变量(类型为 JspWriter)使用的缓冲区的大小。使用这个属性时,可以采用下面两种形式:

```
<%@ page buffer="sizekb" %>
<%@ page buffer="none" %>
```

服务器实际使用的缓冲区可能比指定的更大,但不会小于指定的大小。例如,<%@ page buffer="32kb" %>表示应该对文档的内容进行缓存,除非累积至少为 32KB、页面完成或明确对输出执行清空(例如使用 response.flushBuffer),否则不将文档发送给客户。

默认的缓冲区大小与服务器相关,但至少 8KB。如果要将缓冲功能关闭,应该十分小心:这样做要求设置报头或状态代码的 JSP 元素都要出现在文件的顶部,位于任何 HTML 内容之前。另一方面,有时输出内容的每一行都需要较长的生成时间,此时禁用缓冲或使用小缓冲区会更有效率;这样,用户能够在每一行生成之后立即看到它们,而不是等待更长的时间看到成组的行。

autoFlush 属性控制当缓冲区充满之后,是应该自动清空输出缓冲区(默认),还是在缓冲区溢出后抛出一个异常(autoFlush="false")。使用这个属性时,可以采用下面两种形式:

```
<%@ page autoFlush="true" %><%--Default--%>
<%@ page autoFlush="false" %>
```

在 buffer="none"时,false 值是不合法的。如果客户程序是常规的 Web 浏览器,那么 autoFlush="false"的使用极为罕见。但是,如果客户程序是定制应用程序,可能希望确保应用程序要么接收到完整的消息,要么根本没有消息。false 值还可以用来捕获产生过多数据的数据库查询,但是,一般说来,将这些逻辑放在数据访问代码中(而非表示代码)要更好一些。

6. info 属性

info 属性定义一个可以在 Servlet 中通过 getServletInfo 方法获取的字符串,使用 info 属性时,采用下面的形式:

```
<%@ page info="Some Message" %>
```

7. errorPage 和 isErrorPage 属性

errorPage 属性用来指定一个 JSP 页面,由该页面来处理当前页面中抛出但未被捕获的任何异常(即类型为 Throwable 的对象)。它的应用方式如下:

```
<%@ page errorPage="Relative URL" %>
```

指定的错误页面可以通过 exception 变量访问抛出的异常。

isErrorPage 属性表示当前页是否可以作为其他 JSP 页面的错误页面。使用 isErrorPage 属性时,可以采用下面两种形式:

```
<%@ page isErrorPage="true" %>
<%@ page isErrorPage="false" %><%--Default--%>
```

8. isThreadSafe 属性

isThreadSafe 属性控制由 JSP 页面生成的 Servlet 是允许并行访问(默认),还是同一时间不允许多个请求访问单个 Servlet 实例(isThreadSafe="false")。使用 isThreadSafe 属性时,可以采用下面两种形式:

```
<%@ page isThreadSafe="true" %><%--Default--%>
<%@ page isThreadSafe="false" %>
```

遗憾的是,阻止并发访问的标准机制是实现 SingleThreadModel 接口。尽管早期推荐使用 SingleThreadModel 和 isThreadSafe="false",但经验表明 SingleThreadModel 的设计很差,使得它基本上毫无用处。因而,应该避免使用 isThreadSafe,采用显式的同步措施取而代之。

9. extends 属性

extends 属性指定 JSP 页面所生成的 Servlet 的超类(superclass)。它采用下面的形式:

```
<%@ page extends="package.class" %>
```

这个属性一般为开发人员或提供商保留,由他们对页面的运作方式做出根本性的改变(如添加个性化特性)。一般人应该避免使用这个属性,除非引用由服务器提供商专为这种目的提供的类。

10. language 属性

从某种角度讲,language 属性的作用是指定页面使用的脚本语言,如下所示:

```
<%@ page language="java" %>
```

由于 Java 既是默认选择,也是唯一合法的选择,所以没必要再去关心这个属性。

4.2.5 taglib 指令

形式如下：

<%@taglib uri="标签库表述符文件" prefix="前缀名" %>

例如：

<%@taglib uri="/mytaglib.tld" prefix="mytags"%>

uri 必须以/WEB-INF/tags/开始。

4.2.6 include 指令

在一般的页面开发中有很多内容需要重复显示。例如，在一般的站点中都会按照以下内容进行站点的显示，如图 4-4 所示。

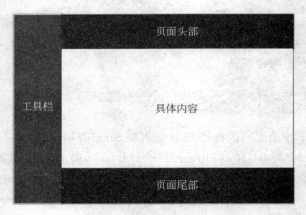

图 4-4 一般的站点页面布局

在图 4-4 所示的结构中，工具栏、页面头部、页面尾部基本上都是固定的，而中间的具体内容是不同的，那么这时就可以有以下两种做法。

做法一：让每一个页面都分别包含工具栏、页面头部、页面尾部的代码。

做法二：将工具栏、页面头部、页面尾部分别做成一个文件，然后在需要的地方导入（包含）。

很明显，使用做法二更加方便，因为采用包含（include）的形式，所以代码的重复较少；而做法一有很多重复的代码，以后维护也会很麻烦。要想实现做法二的包含功能，在 JSP 中可通过静态包含和动态包含两种方式完成。

1. 静态包含

静态包含是在 JSP 编译时插入一个包含文本或代码的文件，这个包含的过程是静态的，而包含的文件可以是 JSP 文件、THML 文件、文本文件，或者是一段 Java 程序。在每一个完整的页面中，对于＜html＞、＜/html＞、＜head＞、＜/head＞、＜title＞、

</title>、<body>、</body>这些元素只能出现一次,如果重复出现,则可能会造成显示的错误。

静态包含的语法为:

```
<%@ include file="要包含的文件路径"%>
```

例如 top.jsp 文件的内容:

```
<h2>
  <font color="red">
<%="JSP"%>
  </font>
</h2>
```

info.html 文件内容:

```
<h2>
  <font color="green">
<%="Html"%
  </font>
</h2>
```

使用静态方式包含以上两个文件。

```
<%@page contentType="text/html" paceEncoding="utf-8"%>
<html>
<head>静态包含操作</head>
<body>
<%@ include file="top.jsp"%>
<%@ include file="info.html"%>
</body>
</html>
```

以上的静态包含方式中,不管文件的后缀是什么,都会将内容直接包含并显示。

2. 动态包含

使用<jsp:include>指令可以完成动态包含的操作,与静态包含不同,动态包含可以自动区分被包含的页面是静态还是动态。如果是静态页面,则与静态包含一样,将内容包含进来处理;而如果被包含的页面是动态页面,则可以先进行动态处理,然后再将处理后的结果包含进来。

动态包含的语法如下:

(1) 不传递参数:

```
<jsp:include page="{要包含的文件路径|<%=表达式%>}" flush="true|false"/>
```

(2) 传递参数：

```
<jsp:include page="{要包含的文件路径|<%=表达式>}" flush="true|false">
<jsp:param name="参数名称" value="参数内容"/>
   ...可以向被包含页面中传递多个参数
</jsp:include>
```

以上语法中，flush 属性的可选值包括 true 和 false 两种类型。当其设置为 false 时，表示这个网页完全被读进来以后才输出。在每一个 JSP 的内部都会有一个 buffer。如果是 true，当 buffer 满了就输出。一般此属性都会设置成 true。当然也可以不设置，默认值为 true。

4.2.7　JSP 注释

一般来说，JSP 注释可以分为两种：一种是可以在客户端显示的注释，称为客户端注释；另一种是客户端不可见，仅供服务器端 JSP 开发人员可见的注释，称为服务器端注释。

客户端注释的基本语法格式如下所示：

```
<!--comment[<%=expression%>]-->
```

例如：

```
<!--这个注释可以在客户端源代码中看到-->
```

该注释将被发送至客户端浏览器，即在浏览器的 HTML 源代码中可以看到该注释。它类似于普通的 HTML 注释，唯一的不同在于，可以在这种 JSP 注释中加入特定的 JSP 表达式，例如：

```
<!--现在时间为:<%=(new java.util.Data()).toLocalString()%>-->
```

以上注释将在浏览器客户端源代码中显示为：

```
<!--现在时间为:July 21, 2006-->
```

服务器端注释可以有两种表述方式：

```
<%/* comment */%>
<%--comment--%>
```

这两种表述方式效果一致，其注释内容将不会被发送到客户端。

例如：

```
<%--该 JSP 程序在浏览器中注释无法显示 --%>
<%/* 该 JSP 程序注释在浏览器中无法显示 */%>
```

以上两行注释在客户端源代码中是不可见的，因为它并不会发送给客户端。

需要注意的是，JSP 注释内容中不能出现"--％>"，否则会出现编译错误。如果必须使用"--％>"作为注释内容，请使用"--％\>"代替。

4.3 用户注册模块的实现过程

4.3.1 用户注册的界面设计

1. 界面设计效果

用户注册的界面设计效果如图 4-5 所示。

图 4-5 用户注册

2. 新建页面文件

在 Eclipse 工程中右键单击 WebContent 文件夹→New→Other,在弹出的向导界面中选择 Web→JSP File 并单击 Next 按钮,如图 4-6 所示。

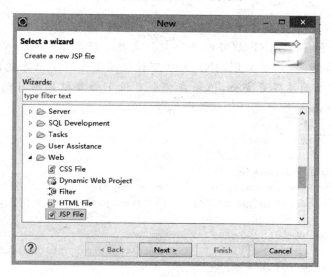

图 4-6 新建 JSP 文件

在向导界面中输入新建文件的名称 register.jsp，如图 4-7 所示。

单击 Finish 按钮完成文件的创建。我们可以看到，在新建的文件中有以下字样：

```
<%@page language="java" contentType="text/html; charset=UTF-8"
    pageEncoding="UTF-8"%>
```

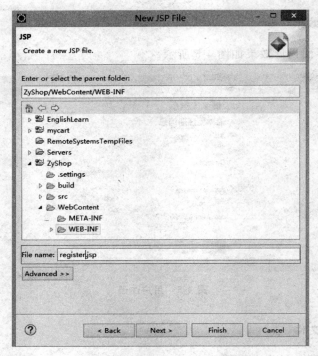

图 4-7 输入 JSP 文件的名称

小贴士

WebContent 和 WEB-INF 都可以存放 JSP 文件。JSP 文件放在 WebContent 目录下可以让用户直接访问，放在 WEB-INF 目录下就必须要通过请求才能访问。因此放在 WEB-INF 下 JSP 页面显得更安全，但放在哪个目录下面要根据项目的实际情况选择。本书放在 WebContent 中。

3. 关键代码实现

```
<div class="line-middle">
<div class="x12 x4-left margin-big-top"><img src="img/jclogo(2).png" width=
"150"class="padding" height="50"/><h1><strong>请填写注册信息</strong></h1>
</div>
<div class="x4 x4-left margin-large-top">
<form name="register" action="./jsp/user/register_action.jsp" method="post"
class="form form-block">
<div class="form-group">
```

```
<div class="label"><label for="username">账号</label></div>
<div class="field">
<input type="text" class="input" id="username" name="username" onblur=
"checkUid()" size="50" data-validate="required:必填" placeholder="手机/邮箱/账
号"/>
</div>
</div>
<div class="form-group">
<div class="label"><label for="password">设置你的密码</label></div>
<div class="field">
<input type="password" class="input" id="password" name="password" onblur=
"checkFirPwd()" size="50" data-validate="required:必填" placeholder="请输入密
码"/>
</div>
</div>


<div class="form-group">
<div class="label"><label for="password">请再次输入你的密码</label></div>
<div class="field">
<input type="password" class="input" id="password2" name="password2" onblur=
"checkSecPwd()" size="50" data-validate="required:必填" placeholder="请再次输
入密码"/>
</div>
</div>


<div class="form-group">
<div class="label"><label for="password">请填写你的E-mail地址</label></div>
<div class="field">
<input type="text" class="input" id="email" name="email" onblur=
"checkEmail()"onblur="checkSecPwd()" size="50" data-validate="required:必填
"placeholder="请输入邮箱地址"/>
</div>
</div>


<div class="form-button"><buttonclass="button bg-dot" type="submit" name=
"sub" onclick="mfSub()">注册</button>   <button class="button
bg-yellow form-reset" type="reset" name="reset">重置</button></div>
</form>
</div>
</div>
</div>
```

4.3.2 创建用户模型类

右键单击包名com.cdzhiyong.domain→New→Class,如图4-8所示。

在弹出的向导界面中的Name文本框中输入类的名字User,其他保持默认即可,完成后单击 Finish 按钮即可生成代码，如图 4-9 所示。

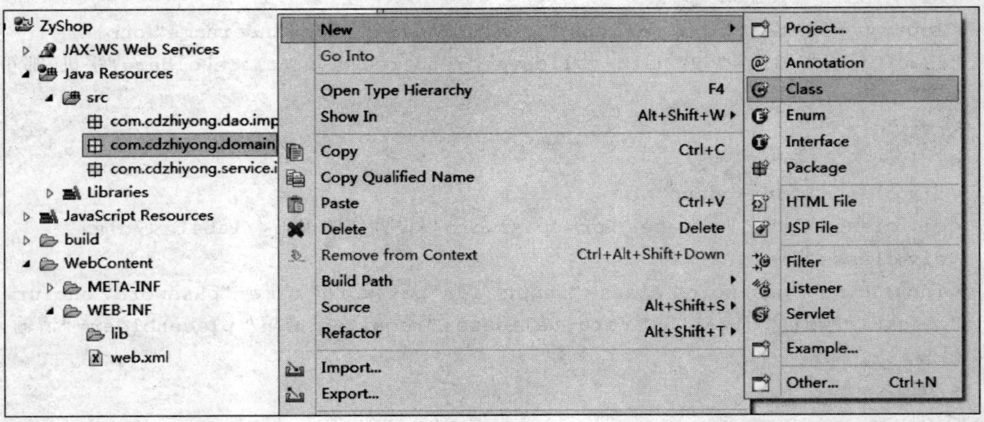

图 4-8　创建类文件

图 4-9　类文件创建窗口

生成的代码中不包括属性，需要手动输入属性：

```
private int uid;
private String uname;
private String upwd;
```

```
private String uemail;
```

属性一般定义为 private 类型,通过 Getters 和 Setters 方法操作属性值,Setters 方法用于设置某个属性的值,Getters 方法用于获取某个属性的值。Setters 和 Getters 方法可以通过 Ecplise 生成。方法如下:在 User.java 的编辑窗体中单击右键,选择 Source→Generate Getters and Setters,如图 4-10 所示。

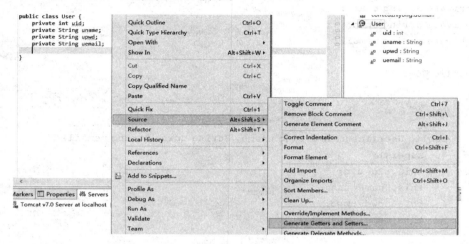

图 4-10　自动生成 Getters、Setters 方法

接着,在弹出的向导界面中把 4 个属性全部选中之后单击 OK 按钮,如图 4-11 所示。

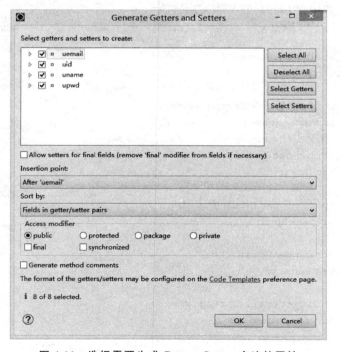

图 4-11　选择需要生成 Getters、Setters 方法的属性

至此，即可自动生成 Getters 和 Setters 方法。Getters 方法不带参数，而 Setters 方法一般只带一个参数。代码如下：

```java
package com.cdzhiyong.domain;
public class User {
private int uid;
private String uname;
private String upwd;
private String uemail;

public User(){
    
    }

    public User(int uid, String uname, String upwd, String uemail){
        super();
        this.uid=uid;
        this.uname=uname;
        this.upwd=upwd;
        this.uemail=uemail;
    }
    public int getUid(){
        return uid;
    }
    public void setUid(int uid){
        this.uid=uid;
    }
    public String getUname(){
        return uname;
    }
    public void setUname(String uname){
        this.uname=uname;
    }
    public String getUpwd(){
        return upwd;
    }
    public void setUpwd(String upwd){
        this.upwd=upwd;
    }
    public String getUemail(){
        return uemail;
    }
    public void setUemail(String uemail){
        this.uemail=uemail;
    }

}
```

4.3.3 开发数据访问层

在 com.cdzhiyong.dao 包下创建一个 IUserDAO 接口类。

（1）右键单击包名 com.cdzhiyong→New→Interface，如图 4-12 所示。

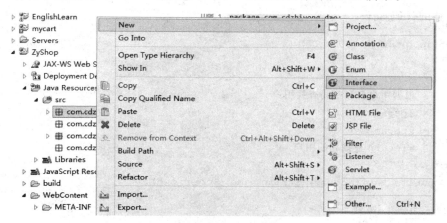

图 4-12 创建接口文件

（2）在弹出的 New Java Interface 向导界面 Name 文本框中输入接口名称 IUserDAO 后单击 Finish 按钮，如图 4-13 所示。

图 4-13 接口文件创建窗口

手动向源代码中添加三个方法：

```java
public User findUser(String name, String pwd)
public void addUser(User user)
public User findUser(String name)
```

完整的代码如下：

```java
public interface IUserDAO {

    /**
     * 根据用户名和密码查找用户
     * @param name
     * @param pwd
     * @return 查找到的用户
     */
    public User findUser(String name, String pwd);

    /**
     * 添加一个用户
     * @param user
     */
    public int addUser(User user);

    /**
     * 根据用户名查找用户
     * @param name
     * @return 查找到的用户
     */
    public User findUser(String name);

    public boolean isLegal(String sql);

    public int getId();

    public int updateUser(User user);
}
```

在 com.cdzhiyong.dao.impl 包下创建一个 UserDAOImpl 接口类。

（1）右键单击包名 com.cdzhiyong.dao.impl→New→Class，如图 4-14 所示。

（2）在弹出的 New Java Class 向导界面 Name 文本框中输入类名 UserDAOImpl，如图 4-15 所示。

单击 Interface 右边的 Add 按钮会出现选择接口的向导界面，在这个界面中可以选择 UserDAOImpl 要实现的接口。在 Choose interfaces 下面的文本框中输入 IUserDAO，选择 com.cdzhiyong.dao 包中的 IUserDAO，即要实现的接口，如

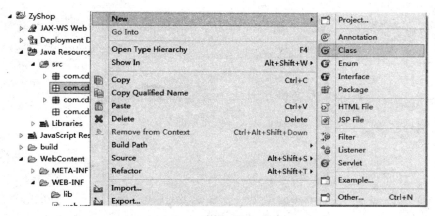

图 4-14　创建类文件

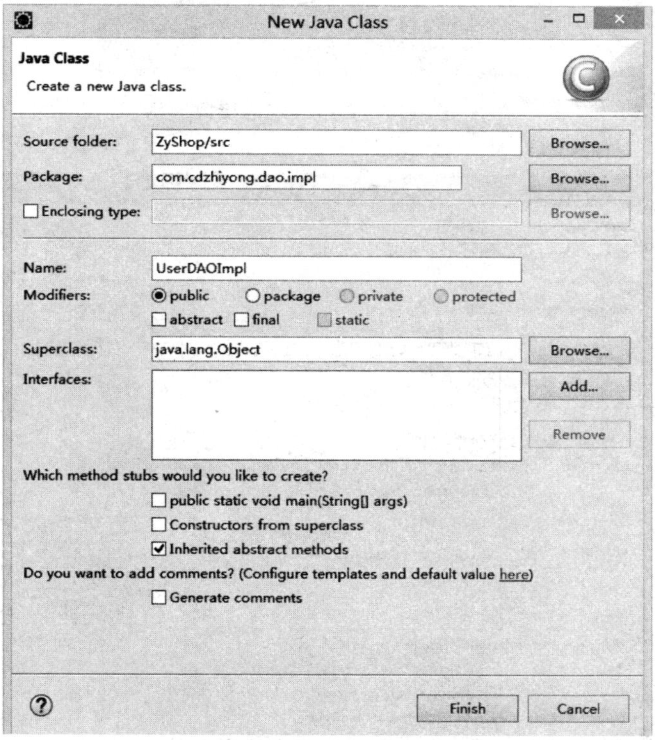

图 4-15　类文件创建窗口

图 4-16 所示。

单击 OK 按钮后即可返回 New Java Class 向导界面,单击 Finish 按钮完成类的创建,如图 4-17 所示。

在创建的 UserDAOImpl 类中已经实现了 UserDAO 接口中的函数(函数是空的),我们需要手动对这些函数进行实现,实现后的代码如下:

图 4-16 选择实现的接口

图 4-17 单击 Finish 完成类的创建

```java
public class IUserDAOImpl implements IUserDAO {

    @Override
    public User findUser(String name, String pwd){
        String sql="select Uid from UserInfo where Uname='"+name+"' and Upwd='"+pwd+"'";
        User user=null;
        DBUtil db=new DBUtil();
        Connection conn=db.getConnection();
        Statement st=null;
        ResultSet rs=null;
        try {
            st=conn.createStatement();
            rs=st.executeQuery(sql);
            if(rs.next()){
                int id=rs.getInt(1);
                String username=rs.getString(2);
                String password=rs.getString(3);
                String email=rs.getString(4);
                user=new User(id, username, password, email);
            }
            db.closeAll(conn, st, rs);
        } catch(SQLException e1){
            e1.printStackTrace();
        }

        return user;
    }

    @Override
    public int addUser(User user){
        int row=0;
        String username=user.getUname();
        String password=user.getUpwd();
        String email=user.getUemail();
        int id=user.getUid();

        String sql="insert userinfo(Uid, Uname, Upwd, Uemail) values ("+ id+","+username+","+password+", "+email+")";

        DBUtil db=new DBUtil();
        Connection conn=db.getConnection();
        try {
            Statement st=conn.createStatement();
```

```java
            row=st.executeUpdate(sql);
            db.closeAll(conn, st, null);
        } catch(SQLException e){
            e.printStackTrace();
        }
        
        return row;
    }
    
    @Override
    public User findUser(String name){
        String sql="select * from userinfo where Uname='"+name+"'";
        User user=null;
        DBUtil db=new DBUtil();
        Connection conn=db.getConnection();
        Statement stmt;
        ResultSet rs;
        try {
            stmt=conn.createStatement();
            rs=stmt.executeQuery(sql);
            if(rs.next()){
            intid=rs.getInt(1);
                String username=rs.getString(2);
                String password=rs.getString(3);
                String email=rs.getString(4);
            user=new User(id, username, password, email);
            }
            db.closeAll(conn, stmt, rs);
        } catch(SQLException e1){
            e1.printStackTrace();
        }
        
        retur nuser;
    }
    
    @Override
    public boolean isLegal(String sql){
        boolean legal=false;
        DBUtil db=new DBUtil();
        Connection conn=db.getConnection();
        Statement stmt;
        ResultSet rs;
        try {
            stmt=conn.createStatement();
```

```java
            rs=stmt.executeQuery(sql);
            if(rs.next()){
                legal=true;
            }
            db.closeAll(conn, stmt, rs);
        } catch(SQLException e){
            e.printStackTrace();
        }
        return legal;
    }

    @Override
    public int getId(){
        int id=0;
        DBUtil db=new DBUtil();
        Connection conn=db.getConnection();
        Statement stmt=null;
        ResultSet rs=null;
        String sql="select Max(Uid) from userinfo";
        try {
            stmt=conn.createStatement();
            rs=stmt.executeQuery(sql);
            if(rs.next()){
                id=rs.getInt(1);
            }
            db.closeAll(conn, stmt, rs);
        } catch(SQLException e){
            e.printStackTrace();
        }
        id++;
        return id;
    }

    @Override
    public int updateUser(User user){
        int row=0;

        String username=user.getUname();
        String password=user.getUpwd();
        String email=user.getUemail();
        String sql="update UserInfo set upwd='"+password+"',uemail='"+email+
        "' where uname='"+username+"'";
        DBUtil db=new DBUtil();
        Connection conn=db.getConnection();
```

```
        Statement stmt=null;
        try {
            stmt=conn.createStatement();
            row=stmt.executeUpdate(sql);
            db.closeAll(conn, stmt, null);
        } catch(SQLException e){
            e.printStackTrace();
        }

        return row;
    }
}
```

4.3.4 用户注册判断的实现

用户注册的逻辑判断在 JSP 页面中完成，register_action.jsp 的实现如下。

```
<%@page language="java" contentType="text/html; charset=UTF-8"
    pageEncoding="UTF-8"%>
<%@ page import =" com. cdzhiyong. dao. IUserDao, com. cdzhiyong. dao. impl.
IUserDAOImpl" %>
<%@page import="com.cdzhiyong.domain.User" %>
<!DOCTYPE html PUBLIC "-//W3C//DTD HTML 4.01 Transitional//EN" "http://www.w3.
org/TR/html4/loose.dtd">
<html>
<head>
<meta http-equiv="Content-Type" content="text/html; charset=UTF-8">
<title>Insert title here</title>
</head>
<body>
<%
    String username=request.getParameter("username");
    String password=request.getParameter("password");
    String email=request.getParameter("email");
    int row;                        //插入的行数
    int id;                         //用户 id
    String msg;                     //提示信息

    IUserDao dao=new IUserDAOImpl();

    id=dao.getId();
    User user=new User(id, username, password, email);
    row=dao.addUser(user);

    if(row==0){                     //row 为 0 表示数据插入不成功
```

```
            msg="对不起,注册失败,请重新注册!!!";
        } else {
            msg="恭喜您,注册成功!!!";
        }
        request.setAttribute("msg", msg);
%>
<jsp:forward page="../../error.jsp"/>

</body>
</html>
```

代码详解:

<%@ page import＝"" %＞用户导入需要的 Java 类,可以在一条 page 指令的 import 属性中引入多个类或包,其中每个包或类之间使用逗号","分隔。通过 request.setAttribute 的方式将提示结果保存在 msg 中,供 error.jsp 页面进行显示。

注册成功后的界面如图 4-18 所示。

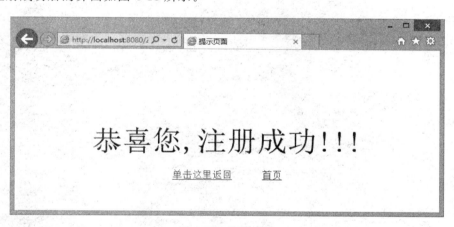

图 4-18 注册成功

4.4 本章知识点

- JSP 的两种注释。
- 常用的指令的使用方式。
- 包含指令的使用、动态和静态包含。

4.5 本章小结

本章通过实现用户注册的开发,讲解了 JSP 的基础知识,使读者对 JSP 开发有了初步的认识。

4.6 练 习

（1）设计团购网站的用户模型。

（2）设计团购网站的注册页面，并在另外一个 JSP 文件中完成对注册功能的验证。重复的用户名不能注册成功。注册成功后，跳转到欢迎信息页面；如果注册失败，则跳转到错误页面并给出注册失败的提示。

第 5 章 用户登录模块设计与开发

本章学习目标

通过本章的学习，读者应该可以：
- 掌握 JSP 中的内置对象及对应的操作接口。
- 掌握 JSP 中的 4 种属性范围及属性操作。
- 掌握 request、response、session、application、pageContext 这些常用内置对象的使用。
- 了解 session 与 Cookie 的操作关系。
- 使用内置对象完成简单的程序开发。

5.1 用户登录模块概述

未登录只能浏览商品，如果要购买商品就必须进行登录。用户登录流程如图 5-1 所示。

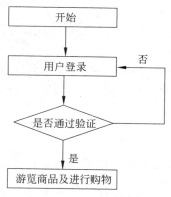

图 5-1 用户登录流程

5.2 基础知识

5.2.1 内置对象

JSP 内置对象即无须声明就可以直接使用的对象实例。在实际的开发过程中，比较常用的 JSP 对象有 request、response、session、out 和 application 等。

内置对象有以下特点：
- 由 JSP 规范提供，不用编写者实例化；
- 通过 Web 容器实现和管理；
- 所有 JSP 页面均可使用；
- 只有在脚本元素的表达式或代码段中才可使用（<%＝使用内置对象%＞或<%使用内置对象%＞）。

常用内置对象可以分为以下几类：
- 输出输入对象：request 对象、response 对象、out 对象；
- 通信控制对象：pageContext 对象、session 对象、application 对象；
- Servlet 对象：page 对象、config 对象；
- 错误处理对象：exception 对象。

本章中将简单介绍以上几种对象的使用。

1. session

JSP 利用 Servlet 提供的 HttpSession 接口来识别一个用户，存储这个用户的所有访问信息。实际开发中，session 对象最主要的用处就是完成用户的登录和注销等常见功能；每一个 session 都代表不同的用户；session 对象是 javax.servlet.http.HttpSession 接口的实例化对象，所以 session 只能在 HTTP 协议中使用；我们所说的 HttpSession 是 JSP 中经常使用的一个方法，准确地说，是 request 中的一个方法。比如：

```
session=request.getSession(true);
```

用于获取 session。

默认情况下，JSP 允许会话跟踪，一个新的 HttpSession 对象将会自动地为新的客户端实例化。禁止会话跟踪需要显式地关掉它，通过将 page 指令中的 session 属性值设为 false 来实现，就像下面这样：

```
<%@page session="false" %>
```

JSP 引擎将隐含的 session 对象暴露给开发者。由于提供了 session 对象，开发者就可以方便地存储或检索数据。

session 对象的一些重要方法如表 5-1 所示。

表 5-1 session 的重要方法

序号	方法及描述
1	public Object getAttribute(String name) 返回 session 对象中与指定名称绑定的对象，如果不存在则返回 null
2	public Enumeration getAttributeNames() 返回 session 对象中所有的对象名称
3	public long getCreationTime() 返回 session 对象被创建的时间，以毫秒为单位，从 1970 年 1 月 1 号凌晨开始算起
4	public String getId() 返回 session 对象的 ID
5	public long getLastAccessedTime() 返回客户端最后访问的时间，以毫秒为单位，从 1970 年 1 月 1 号凌晨开始算起
6	public int getMaxInactiveInterval() 返回最大时间间隔，以秒为单位，Servlet 容器将会在这段时间内保持会话打开
7	public void invalidate() 将 session 无效化，解绑任何与该 session 绑定的对象
8	public boolean isNew() 返回是否为一个新的客户端，或者客户端是否拒绝加入 session
9	public void removeAttribute(String name) 移除 session 中指定名称的对象
10	public void setAttribute(String name，Object value) 使用指定的名称和值来产生一个对象并绑定到 session 中
11	public void setMaxInactiveInterval(int interval) 用来指定时间，以秒为单位，Servlet 容器将会在这段时间内保持会话有效

2. request

request 对象代表这是从用户发送过来的请求，它是 HttpServletRequest 类的实例。从这个对象中可以取出客户端用户提交的数据或者是参数，这个对象只有接受用户请求的页面才可以访问。如果要与用户互动，则必须要知道用户的需求，然后根据这个需求生成用户期望看到的结果。这样才能实现与用户的互动。在 Web 应用中，用户的需求抽象成一个 request 对象，这个对象中包括了用户的需求。request 正是用来收集类似这些用户的输入数据和参数的。同时，request 对象中还包括一些服务器的信息，例如端口、真实路径、访问协议等信息，通过 request 对象可以取得服务器的这些参数。

该对象的主要方法如表 5-2 所示。

表 5-2 request 的主要方法

序号	方 法	说 明
1	String getParameter(String name)	获得客户端传送给服务器端的参数值，该参数一般由表单的 name 属性指定
2	String[] getParameterValues(String name)	获得客户端传送给服务器的参数的所有值，返回一个字符串数组

续表

序号	方　　法	说　　明
3	Enumeration getParameterNames()	获得客户端传送给服务器的所有参数的名字，其结果是一个枚举的实例
4	StringgetHeader(String name)	获得一个 HTTP 请求头的值
5	EnumerationgetHeaders(String name)	获得一个 HTTP 请求头的所有值
6	StringgetMethod()	获得请求方法(GET、POST)
7	Cookie[] getCookies()	获得 Cookie 的数组
8	void setAttribute(String n,Object o)	在 request 上设置一个属性和属性的值
9	Object getAttribute(String name)	获得 request 对象上的一个属性的值
10	void removeAttribute(String name)	删除 request 对象的一个属性
11	Enumeration getAttributeNames()	获得 request 对象上的所有属性的值
12	StringBuffer getRequestURL()	获得客户端请求的 URL
13	String getRequestURI()	获得客户端请求的 URI
14	String getQueryString()	获得查询字符串，即客户端通过 GET 方法传递参数时附加在 URI 后面的字符串
15	String getServerName()	获得服务器的名字
16	int getServerPort()	获得服务器的端口
17	String getContextPath()	获得 Web 应用的路径
18	String getLocalAddr()	获得客户端请求的服务器的 IP 地址
19	String getRemoteAddr()	获得客户端的 IP 地址
20	HttpSessiongetSession([boolean create])	返回与请求相关的 HttpSession
21	RequestDispatchergetRequestDispatcher(String path)	获得 path 对应的 RequestDispatcher 对象
22	void setCharacterEncoding(String enc)	设置请求参数使用的字符集

3. response

　　response 对象是服务器端向客户端返回的数据，它是 HttpServletResponse 类的实例。从这个对象中可以取出部分与服务器互动的数据和信息，只有接受这个对象的页面才可以访问这个对象。既然用户可以对服务器发出请求，服务器就需要对用户的请求作出反应。这里服务器就可以使用 response 对象向用户发送数据，response 是对应 request 的一个对象。如果需要获取服务器返回的处理信息，就可以对 response 进行操作，同时当服务器需要对客户端进行某些操作的时候也需要 response 对象。例如服务器要在客户端生成 Cookies，那么这时 response 对象就是一个很好的选择。

　　response 的常用方法如表 5-3 所示。

表 5-3　response 的常用方法

序号	方　法	说　明
1	void addCookie(Cookie arg0)	新增一个 Cookie 对象,保存信息
2	void addHeader(String arg0,String arg1)	新增一个以 arg0 为名字、arg1 为值的头部信息
3	void setHeader(String arg0,String arg1)	将 arg0 为名字的头信息值改为 arg1
4	void setContentType(String arg0)	设定 response 的文档类型
5	void setCharacterEncoding(String arg0)	设定字符串编码格式
6	void sendError(int arg0)	向客户端发送错误信息,例如 404
7	String encodeRedirectURL(String arg0)	对使用 sendRedirect()方法的 URL 进行编码
8	void sendRedirect(String arg0)	页面重定向

4. out

out 对象是 JspWriter 类的实例,是向客户端输出内容常用的对象。out 的主要方法如表 5-4 所示。

表 5-4　out 的主要方法

序号	方　法	说　明
1	print 或 println	输出数据
2	newLine	输出换行字符
3	flush	输出缓冲区数据
4	close	关闭输出流
5	clear	清除缓冲区中数据,但不输出到客户端
6	clearBuffer	清除缓冲区中数据,输出到客户端
7	getBufferSize	获得缓冲区大小
8	getRemaining	获得缓冲区中没有被占用的空间
9	isAutoFlush	是否为自动输出

5. application

application 对象实现了用户间数据的共享,可存放全局变量。它开始于服务器的启动,直到服务器的关闭。在此期间,此对象将一直存在。这样在用户的前后连接或不同用户之间的连接中,可以对此对象的同一属性进行操作;在任何地方对此对象属性的操作,都将影响到其他用户对此对象的访问。服务器的启动和关闭决定了 application 对象的生命。它是 ServletContext 类的实例。application 的主要方法如表 5-5 所示。

表 5-5　application 的主要方法

序号	方　法	说　明
1	getAttribute	获取应用对象中指定名字的属性值
2	getAttributeNames	获取应用对象中所有属性的名字
3	getInitParameter	返回应用对象中指定名字的初始参数值
4	getServletInfo	返回 Servlet 编译器中当前版本的信息
5	setAttribute	设置应用对象中指定名字的属性值

6. config

config 对象是在一个 Servlet 初始化时，JSP 引擎向它传递信息用的。此信息包括 Servlet 初始化时所要用到的参数（通过属性名和属性值构成）以及服务器的有关信息（通过传递一个 ServletContext 对象得到）。config 的常用方法如表 5-6 所示。

表 5-6　config 的常用方法

序号	方法	说明
1	getServletContext	返回所执行的 Servlet 的环境对象
2	getServletName	返回所执行的 Servlet 的名字
3	getInitParameter	返回指定名字的初始参数值
4	getInitParameterNames	返回该 JSP 中所有的初始参数名

7. pageContext

pageContext 对象提供了对 JSP 页面内所有的对象及名字空间的访问。也就是说它可以访问本页所在的 session，也可以取本页面所在的 application 的某一属性值。它相当于页面中所有功能的集大成者，其类名也叫 pageContext。pageContext 的主要方法如表 5-7 所示。

表 5-7　pageContext 的主要方法

序号	方法	说明
1	JspWriter getOut()	返回当前客户端响应被使用的 JspWriter 流（out）
2	HttpSession getSession()	返回当前页中的 HttpSession 对象（session）
3	Object getPage()	返回当前页的 Object 对象（page）
4	ServletRequest getRequest()	返回当前页的 ServletRequest 对象（request）
5	ServletResponse getResponse()	返回当前页的 ServletResponse 对象（response）
6	Exception getException()	返回当前页的 Exception 对象（exception）
7	ServletConfig getServletConfig()	返回当前页的 ServletConfig 对象（config）
8	ServletContext getServletContext()	返回当前页的 ServletContext 对象（application）
9	void setAttribute（String name, Object attribute）	设置属性及属性值
10	void setAttribute(String name,Object obj,int scope)	在指定范围内设置属性及属性值
11	public Object getAttribute(String name)	取属性的值
12	Object getAttribute(String name,int scope)	在指定范围内取属性的值
13	public Object findAttribute(String name)	寻找一属性，返回其属性值或 NULL

续表

序号	方　法	说　明
14	void removeAttribute(String name)	删除某属性
15	void removeAttribute(String name, int scope)	在指定范围删除某属性
16	int getAttributeScope(String name)	返回某属性的作用范围
17	Enumeration getAttributeNamesInScope(int scope)	返回指定范围内可用的属性名枚举
18	void release()	释放 pageContext 所占用的资源
19	void forward(String relativeUrlPath)	使当前页面重导到另一个页面
20	void include(String relativeUrlPath)	在当前位置包含另一个文件

8. page

page 当前 JSP 的实例。它代表 JSP 被编译成 Servlet，可以使用它来调用 Servlet 类中所定义的方法。它是 java.lang.Object 类的实例。page 的主要方法如表 5-8 所示：

表 5-8　page 的主要方法

序号	方　法	说　明
1	class getClass()	返回此 Object 的类
2	int hashCode()	返回此 Object 的 hash 码
3	boolean equals(Object obj)	判断此 Object 是否与指定的 Object 对象相等
4	void copy(Object obj)	把此 Object 复制到指定的 Object 对象中
5	Object clone()	克隆此 Object 对象
6	String toString()	把此 Object 对象转换成 String 类的对象
7	void notify()	唤醒一个等待的线程
8	void notifyAll()	唤醒所有等待的线程
9	void wait(int timeout)	使一个线程处于等待直到 timeout 结束或被唤醒
10	void wait()	使一个线程处于等待直到被唤醒
11	void enterMonitor()	对 Object 加锁
12	void exitMonitor()	对 Object 开锁

9. exception

exception 对象是一个异常对象。当一个页面在运行过程中发生了异常，就产生这个对象。如果一个 JSP 页面要应用此对象，就必须把 isErrorPage 设置为 true，否则无法编译。它实际上是 java.lang.Throwable 的对象。exception 的主要方法如表 5-9 所示。

表 5-9 exception 的主要方法

序号	方法	说明
1	String getMessage()	返回描述异常的消息
2	String toString()	返回关于异常的简短描述消息
3	void printStackTrace()	显示异常及其栈轨迹
4	Throwable FillInStackTrace()	重写异常的执行栈轨迹

5.2.2 JSP 异常处理

1. 为页面指定异常处理文件

5.2.1 节介绍了 JSP 内置对象 exception，JSP 提供了可选项来为每个 JSP 页面指定错误页面。无论何时页面抛出了异常，JSP 容器都会自动调用错误页面。

下面的这个例子为 main.jsp 指定了一个错误页面。使用＜%@page errorPage＝"XXXXX"%＞指令指定一个错误页面。

```jsp
<%@page errorPage="ShowError.jsp" %>

<html>
<head>
<title>Error Handling Example</title>
</head>
<body>
<%
  //Throw an exception to invoke the error page
  int x=1;
  if(x==1)
  {
      throw new RuntimeException("Error condition!!!");
  }
%>
</body>
</html>
```

再编写一个 ShowError.jsp 文件，代码如下：

```jsp
<%@page isErrorPage="true" %>
<html>
<head>
    <title>Show Error Page</title>
</head>
<body>
    <h1>Opps...</h1>
    <p>Sorry, an error occurred.</p>
```

```
    <p>Here is the exception stack trace:</p>
<pre>
<%exception.printStackTrace(response.getWriter()); %>
```

ShowError.jsp 文件使用了<%@page isErrorPage="true"%>指令,这个指令告诉 JSP 编译器需要产生一个异常实例变量。

访问 main.jsp 页面,它将会产生如下结果:

```
java.lang.RuntimeException: Error condition!!!
...

Opps...
Sorry, an error occurred.

Here is the exception stack trace:
```

2. 通过 web.xml 配置

凡是 Web 项目下(即虚拟路径下的所有文件)的任意一个文件错误或者异常,都会跳到指定的错误处理页面。全局的错误处理可以处理两种类型的错误:一种是 HTTP 代码的错误,如 404,500;另一种是异常的错误,如 NullPointerException。

```
<error-page>
<error-code>500</error-code>
<location>目录/error.jsp</location>
</error-page>

<error-page>
<error-code>404</error-code>
<location>目录/notfount.jsp</location>
</error-page>

<error-page>
<exception-type>java.lang.NullPointerException</exception-type>
<location>/目录/error.jsp</location>
</error-page>
<error-page>
<exception-type>java.lang.Exception</exception-type>
<location>/目录/exception.jsp</location>
</error-page>
```

可以在 web.xml 文件中使用<error-page>元素为整个 Web 应用程序设置错误处理页面,其中的<exception-type>子元素指定异常类的完全限定名,<location>元素指定以"/"开头的错误处理页面的路径。

由于用户直接访问 errorpage 会发生空指针异常,所以 errorpage 一般被放在 WEB-

INF 目录下，只有转发机制才可以访问它，而错误跳转使用的正是转发机制。

3. 局部异常处理

如果想要将异常处理放在一个页面中，并且对不同的异常进行不同的处理，那么就需要使用 Try…Catch 块。下面的 main.jsp 中讲解了如何使用 Try…Catch 块。

```
<html>
<head>
<title>Try...Catch Example</title>
</head>
<body>
<%
  try{
    int i=1;
    i=i / 0;
    out.println("The answer is "+i);
  }
  catch(Exception e){
    out.println("An exception occurred: "+e.getMessage());
  }
%>
</body>
</html>
```

访问 main.jsp 时将会产生如下结果：

```
An exception occurred: / by zero
```

5.2.3 Cookie

浏览器与 Web 服务器之间是使用 HTTP 协议进行通信的。当某个用户发出页面请求时，Web 服务器只是简单地进行响应，然后就关闭与该用户的连接。因此当一个请求发送到 Web 服务器时，无论其是否是第一次来访，服务器都会把它当作第一次来对待，这样做的问题可想而知。为了弥补这个缺陷，Netscape 开发出了 Cookie 这个有效的工具来保存某个用户的识别信息，它的昵称为"小甜饼"。Cookie 是一种 Web 服务器通过浏览器在访问者的硬盘上存储信息的手段：Netscape Navigator 使用一个名为 cookies.txt 的本地文件保存从所有站点接收的 Cookie 信息，IE 浏览器把 Cookie 信息保存在类似于 C://windows//cookies 的目录下。当用户再次访问某个站点时，服务端将要求浏览器查找并返回先前发送的 Cookie 信息，来识别这个用户。

Cookie 给网站和用户带来的好处非常多，列举如下：

（1）Cookie 能告诉在线广告商广告被点击的次数，从而可以更精确地投放广告。

（2）Cookie 有效期限未到时，能使用户在不键入密码和用户名的情况下进入曾经浏览过的一些站点。

（3）Cookie 能帮助站点统计用户个人资料以实现各种各样的个性化服务。

（4）在 JSP 中，也可以使用 Cookie 来编写一些功能强大的应用程序。

JSP 使用如下的语法格式来创建 Cookie：

`Cookie cookie_name=new Cookie("Parameter","Value");`

例如：

`Cookie username_Cookie=new Cookie("username","waynezheng");`
`response.addCookie(username_Cookie);`

解释：JSP 调用 Cookie 对象相应的构造函数 Cookie(name,value)用合适的名字和值来创建 Cookie，然后 Cookie 可以通过 HttpServletResponse 的 addCookie 方法加入到 Set-Cookie 应答头。本例中 Cookie 对象有两个字符串参数：username，waynezheng。注意，名字和值都不能包含空白字符以及下列字符：@ ：；？，" / [ ]()=。

在 JSP 中，程序通过 cookie.setXXX 设置 Cookie 的属性，用 cookie.getXXX 读出 Cookie 的属性。Cookie 的主要方法如表 5-10 所示。

表 5-10　Cookie 的主要方法

序号	方　　法	说　　明
1	String getComment()	返回 Cookie 中的注释，如果没有注释将返回空值
2	String getDomain()	返回 Cookie 中 Cookie 适用的域名。使用 getDomain()方法可以指示浏览器把 Cookie 返回给同一域内的其他服务器，而通常 Cookie 只返回给与发送它的服务器名字完全相同的服务器，注意域名必须以点开始（例如，yesky.com）
3	int getMaxAge()	返回 Cookie 过期之前的最大时间，以秒计算
4	String getName()	返回 Cookie 的名字。名字和值是我们始终关心的两个部分，后面详细介绍 getName/setName
5	String getPath()	返回 Cookie 适用的路径。如果不指定路径，Cookie 将返回给当前页面所在目录及其子目录下的所有页面
6	boolean getSecure()	如果浏览器通过安全协议发送 Cookie 将返回 true 值，如果浏览器使用标准协议则返回 false 值
7	String getValue()	返回 Cookie 的值，后面详细介绍 getValue/setValue
8	int getVersion()	返回 Cookie 所遵从的协议版本
9	void setComment(String purpose)	设置 Cookie 中的注释
10	void setDomain(String pattern)	设置 Cookie 中 Cookie 适用的域名
11	void setMaxAge(int expiry)	以秒计算，设置 Cookie 的过期时间
12	void setPath(String uri)	指定 Cookie 适用的路径

续表

序号	方　法	说　明
13	void setSecure(boolean flag)	指出浏览器使用的安全协议,例如 HTTP 或 SSL
14	void setValue(String newValue)	Cookie 创建后设置一个新的值
15	void setVersion(int v)	设置 Cookie 所遵从的协议版本

1. 读取客户端的 Cookie

在 Cookie 发送到客户端前,先要创建一个 Cookie,然后用 addCookie 方法发送一个 HTTP Header。JSP 将调用 request.getCookies()从客户端读入 Cookie,getCookies() 方法返回一个 HTTP 请求头中的内容对应的 Cookie 对象数组。只需要用循环访问该数组的各个元素,调用 getName 方法检查各个 Cookie 的名字,直至找到目标 Cookie,然后对该 Cookie 调用 getValue 方法,就可取得与指定名字关联的值。

例如

```
<%
  //从提交的 HTML 表单中获取用户名
  String userName=request.getParameter("username");

  //以"username", userName 值/对 创建一个 Cookie
  Cookie theUsername=new Cookie("username",userName);

  response.addCookie(theUsername);
%>
...
<%
  Cookie myCookie[]=request.getCookies();       //创建一个 Cookie 对象数组

  for(int n=0;n=cookie.length-1;i++);
                                //设立一个循环,来访问 Cookie 对象数组的每一个元素

  Cookie newCookie=myCookie[n];

  if(newCookie.getName().equals("username"));
                                //判断元素的值是否为 username 中的值
  {%>
    你好,<%=newCookie.getValue()%>!        //如果找到,向它问好
  <%}
%>
```

2. 设置 Cookie 的存在时间及删除 Cookie

在 JSP 中,使用 setMaxAge(int expiry)方法来设置 Cookie 的存在时间,参数 expiry

应是一个整数。正值表示 Cookie 将在这么多秒以后失效。注意这个值是 Cookie 将要存在的最大时间,而不是 Cookie 现在的存在时间。负值表示当浏览器关闭时,Cookie 将会被删除。零值则是要删除该 Cookie。例如:

```
<%
    Cookie deleteNewCookie=new Cookie("newcookie",null);
    deleteNewCookie.setMaxAge(0);                      //删除该 Cookie
    deleteNewCookie.setPath("/");
    response.addCookie(deleteNewCookie);
%>
```

5.2.4　DAO 设计模式

DAO 接口:用于声明对于数据库的操作,使用 DAO 设计模式可以简化大量的代码编写和增加程序的可移植性。

DAOImpl:必须实现 DAO 接口,真实实现 DAO 接口的函数,但是不包括数据库的打开和关闭。

DAO 模式通过对业务层提供数据抽象层接口,实现了以下目标:

(1) 数据存储逻辑的分离。

通过对数据访问逻辑进行抽象,为上层机构提供抽象化的数据访问接口。业务层无须关心具体的 select,insert,update 操作,这样,一方面避免了业务代码中混杂 JDBC 调用语句,使得业务实现更加清晰;另一方面,由于数据访问接口,使得数据访问和实现可以分离开来,也使得开发人员的专业划分成为可能。某些精通数据库操作技术的开发人员可以根据接口提供数据库访问的最优化实现,而精通业务的开发人员则可以抛开数据层的繁琐细节,专注于业务逻辑编码。

(2) 数据访问底层实现的分离。

DAO 模式通过将数据访问计划分为抽象层和实现层,从而分离了数据使用和数据访问的底层实现细节。这意味着业务层与数据访问的底层细节无关,也就是说,我们可以在保持上层机构不变得情况下,通过切换底层实现来修改数据访问的具体机制,常见的一个例子就是,我们可以通过仅仅替换数据访问层实现,将我们的系统部署在不同的数据库平台之上。

(3) 资源管理和调度的分离。

在数据库操作中,资源的管理和调度是一个非常值得关注的主题。大多数系统的性能瓶颈往往并非集中于业务逻辑处理本身。在系统涉及的各种资源调度过程中,往往存在着最大的性能黑洞,而数据库作为业务系统中最重要的系统资源,自然也成为关注的焦点。DAO 模式将数据访问逻辑从业务逻辑中脱离开来,使得在数据访问层实现统一的资源调度成为可能,通过数据库连接池以及各种缓存机制(Statement Cache、Data Cache 等,缓存的使用是高性能系统实现的一个关键)的配合使用,在保持上层系统不变的情况下,大幅度提升了系统性能。

(4) 数据抽象。

在直接基于 JDBC 调用的代码中,程序员面对的数据往往是原始的 RecordSet 数据集,虽然这样的数据集可以提供足够的信息,但对于业务逻辑的开发过程,如此琐碎和缺乏寓意的字段型数据实在令人厌倦。DAO 模式通过对底层数据的封装,为业务层提供一个面向对象的接口,使得业务逻辑开发员可以面向业务中的实体进行编码。通过引入 DAO 模式,业务逻辑更加清晰,且富于形象性和描述性,这将为日后的维护带来极大的便利。在业务层通过 Customer.getName 方法获得客户姓名,相对于直接通过 SQL 语句访问数据库表并从 ResultSet 中获得某个字符型字段,哪种方式更易于业务逻辑的形象化和简洁化是不言而喻的。

5.3 用户登录模块的实现过程

5.3.1 用户登录界面设计

用户登录界面如图 5-2 所示。

图 5-2 用户登录界面

要想完成用户登录功能,一定要有一个表单页,此页面可以输入用户的登录 ID 和密码,然后将这些信息提交到一个验证的 Servlet 页面上进行数据库的操作验证。如果可以查询到用户名和密码,那么就表示此用户是合法用户,则可以跳转到登录成功页,显示欢迎信息;如果没有查询到,则表示此用户不是合法用户,应该跳转到错误页进行提示。

5.3.2 用户登录功能的代码实现

1. 登录界面 login.jsp 代码

```
<%@page language="java" contentType="text/html;charset=utf-8"
pageEncoding="UTF-8"%>
<!DOCTYPE html PUBLIC"-//W3C//DTD HTML 4.01 Transitional//EN""http://www.w3.
org/TR/html4/loose.dtd">
<html>
<head>
<meta http-equiv="Content-Type" content="text/html; charset=UTF-8">
```

```html
<title>登录</title>
<link rel="stylesheet" href="${pageContext.request.contextPath}/css/pintuer.css">
<link rel="stylesheet" href="${pageContext.request.contextPath}/css/jc.css">

<script type="text/javascript">
function fcheck()
{
var uid=document.login.username.value.trim();
var pwd=document.login.password.value.trim();
if(uid=="")
  {
    alert("用户名不能为空!!!");
return;
  }
if(pwd=="")
  {
    alert("密码不能为空!!!");
return;
  }
if(pwd.length<6)
  {
    alert("密码长度不得小于6!!!");
return;
  }
  document.login.submit();
}
</script>
</head>
<body>
<form name="login" action="./jsp/user/login_action.jsp" method="post" class="form form-block margin-small-top">
          <div class="field x4 margin-small-right ">
             <input type="text" class="input" id="username" name="username" size="50" placeholder="账号"/>
          </div>
          <div class="field x4">
             <input type=" password" class =" input" id =" password" name ="password" size="50" placeholder="密码"/>
          </div>
          <divc lass="form-button x3 float-right ma">
             <button class="button" type="submit" onclick="fcheck()">登录</button>
             <a href="register.jsp">注册</a>
```

```
            </div>
        </form>

</body>
</html>
```

代码详解：

用户输入用户名和密码后,单击"登录"按钮后,通过输入框输入的数据将会提交给 login_action.jsp 进行逻辑处理。

2. 用户登录的逻辑实现

login_action.jsp 的完整实现代码如下。

```jsp
<%@ page language="java" contentType="text/html; charset=UTF-8"
    pageEncoding="UTF-8"%>
<%@ page import="com.cdzhiyong.domain.User" %>
<% @ page import = " com. cdzhiyong. dao. IUserDao, com. cdzhiyong. dao. impl.
IUserDAOImpl"%>
<!DOCTYPE html PUBLIC "-//W3C//DTD HTML 4.01 Transitional//EN" "http://www.w3.org/TR/html4/loose.dtd">
<html>
<head>
<meta http-equiv="Content-Type" content="text/html; charset=UTF-8">
<title>Insert title here</title>
</head>
<body>
<%
    String username=request.getParameter("username");
    String password=request.getParameter("password");
    User user;
    String msg;
    boolean legal=false;

    IUserDao dao=new IUserDAOImpl();
    String sql="select Uid from UserInfo where Uname='"+username
            +"' and Upwd='"+password+"'";
    legal=dao.isLegal(sql);


if(legal){
        session.setAttribute("user", username);
        response.sendRedirect("../../index.jsp");
    }else{
        msg="对不起,登录失败,请重新登录!!!";
        request.setAttribute("msg", msg);
```

```
%>
<jsp:forwardpage="../../error.jsp"/>
<%
    }
%>
</body>
</html>
```

代码详解：

由于 session 是内置对象，所以在 JSP 文件中不用声明就可以使用。代码中定义了一个 boolean 型的 legal 变量用于判断用户是否登录成功。如果登录成功，则将 user 信息保存在 session 中；如果失败，则给出登录失败的提示，提醒重新登录。

登录失败的提示如图 5-3 所示。

图 5-3　登录失败

登录成功的界面如图 5-4 所示。

图 5-4　登录成功

5.4　用户信息查看修改功能实现过程

5.4.1　用户信息查看修改功能界面设计

用户信息修改界面如图 5-5 所示。

图 5-5　用户信息修改界面

5.4.2　主要实现代码

1. userinfo.jsp

```
<%@page import="com.cdzhiyong.dao.impl.IUserDAOImpl"%>
<%@page import="com.cdzhiyong.dao.IUserDao"%>
<%@page import="com.cdzhiyong.domain.User"%>
<%@pagecontentType="text/html;charset=UTF-8"%>
<link rel="stylesheet" href="${pageContext.request.contextPath}/css/jc.css">
<link rel="stylesheet" href="${pageContext.request.contextPath}/css/pintuer.css">
<html>
<head>
<title>用户信息修改</title>
<script type="text/javascript" src="script/trim.js"></script>
<script type="text/javascript">
function check()
    {
    var pwd=document.mfmodify.upwd.value;
    var email=document.mfmodify.uemail.value;
    if(pwd.trim()=="")
    {
        alert("密码不可以为空!!!");
        return;
    }
    elseif(pwd.trim().length<6)
```

```
            {
                alert("密码长度不得少于 6 位!!!");
                return;
            }
            else if(email.trim()=="")
            {
                alert("E-mail 不得为空!!!");
                return;
            }
            document.mfmodify.submit();
        }
    </script>
    </head>
    <body>

        <%
            String uname= (String)session.getAttribute("user");
            IUserDao dao=new IUserDAOImpl();
            User user=dao.findUser(uname);
        %>
        <div class="layout bg bg-black hidden-1">
            <div class="hidden-s hidden-m x12 float-right ">
                <div class="x4  text-right height-big float-right">
                    <a class="text-white">400-123-4567</a><a href="#"
                        class="win-homepage">设为首页</a>|<a href="#"class="win-
                        favorite">加入收藏</a>
                </div>
            </div>
        </div>
        <div class="layout denglubg padding-big-bottom">
            <div class="container">
                <div class="line-middle">
                    <div class="x12 x4-left margin-big-top">
                        <img src=" ${pageContext.request.contextPath}/img/jclogo
                        (2).png"
                            width="150" class="padding" height="50"/>
                        <h1>
                            <strong>个人信息修改</strong>
                        </h1>
                    </div>

                    <div class="x4 x4-left margin-large-top">
                        <form action="./jsp/user/modify_user_action.jsp" method=
                        "post"
```

```html
                                name="mfmodify">
                                <div class="form-group">
                                    <div class="label">
                                        <label for="username">用户名:<%=user.getUname
                                        ()%></label>
                                    </div>
                                </div>
                                <div class="form-group">
                                    <div class="label">
                                        <label for="password">密码</label>
                                    </div>
                                    <div class="field">
                                        <input type="password" class="input" id="upwd"
                                        name="upwd"
                                            value="<%=user.getUpwd()%>"size="50"/>
                                    </div>
                                </div>
                                <div class="form-group">
                                    <div class="label">
                                        <label for="uemail">E-mail</label>
                                    </div>
                                    <div class="field">
                                        <input type="text" class="input" id="uemail"
                                        name="uemail"
                                            value="<%=user.getUemail()%>" size="50"/>
                                    </div>
                                </div>
                                <div class="form-button">
                                    <button class="button bg-dot" type="submit" onclick
                                    ="check()">修改</button>
                                       <a href="javascript:history.back
                                    ()"><button
                                        class="button bg-yellow form-reset"type="
                                        button">单击这里返回</button></a>
                                </div>
                            </form>
                        </div>
                    </div>
                </div>
        </body>
    </html>
```

代码详解：

在这个 JSP 文件中，通过以下脚本程序段

```
<%
    String uname=(String)session.getAttribute("user");
    IUserDAO dao=new IUserDAOImpl();
    User user=dao.findUser(uname);
%>
```

来获取当前登录的用户信息，获取到用户信息后通过 JSP 表达式<%＝user.getUname()%＞将用户的相关信息展示在可修改的文本框中。用户单击"修改"按钮后将提交 modify_user_action.jsp 进行处理。

2. 实现查看和修改用户信息的文件 modify_user_action.jsp

```
<%@page language="java" contentType="text/html; charset=UTF-8"
    pageEncoding="UTF-8"%>
<%@page import="com.cdzhiyong.domain.User"%>
<%@ page import =" com. cdzhiyong. dao. IUserDao, com. cdzhiyong. dao. impl.
IUserDAOImpl"%>
<!DOCTYPE html PUBLIC "-//W3C//DTD HTML 4.01 Transitional//EN" "http://www.w3.
org/TR/html4/loose.dtd">
<html>
<head>
<meta http-equiv="Content-Type" content="text/html; charset=UTF-8">
<title>Insert title here</title>
</head>
<body>
<%
    String msg=null;
    String password=request.getParameter("upwd").trim();
    String email=request.getParameter("uemail").trim();
    String username=(String)session.getAttribute("user");
    IUserDao dao=new IUserDAOImpl();
    User user=dao.findUser(username);
    user.setUname(username);
    user.setUpwd(password);
    user.setUemail(email);
    int row=dao.updateUser(user);
    if(row==0){
        msg="对不起,信息修改失败!!!";
    } else {
        msg="恭喜您,信息修改成功!!!";
    }
```

```
            request.setAttribute("msg", msg);

%>
<jsp:forwardpage="../../error.jsp"/>
</body>
</html>
```

代码详解:

通过 session.getAttribute("user")获取用户的用户名。通过 dao.findUser(username)获得当前的 User 实例。获取该实例之后,通过 User 类的 Setters 方法将相应的修改属性重新赋值,赋值之后由 dao.updateUser(user)进行更新操作,通过 updateUser 的返回值判断更新操作是否成功。用户信息修改成功的提示信息如图 5-6 所示。

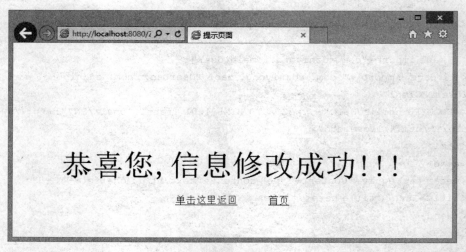

图 5-6 信息修改成功

5.5 注销功能实现

JSP 的关键代码如下:

```
<a href='./Logout'>[注销]</a>
```

注销功能利用 Servlet 实现(在第 6 章讲解,读者可以先按此步骤操作),用户进行注销操作时将会交给 Logout 类进行处理。

新建一个 Servlet 类的步骤如下:

右键单击包名 com.cdzhiyong→New→Servlet,在弹出的向导界面中输入名称 Logout,如图 5-7 所示。

单击 Finish 按钮即可完成创建,默认会重写 doGet 与 doPost 方法。

图 5-7　Servlet 的创建窗口

Logout.java 的关键代码如下：

```java
public class Logout extends HttpServlet {

    @Override
    protected void doGet(HttpServletRequest req, HttpServletResponse resp)
            throws ServletException, IOException {
        doPost(req, resp);
    }

    @Override
    protected void doPost(HttpServletRequest req, HttpServletResponse resp)
            throws ServletException, IOException {
        req.getSession(false).invalidate();
        resp.sendRedirect("index.jsp");
    }

}
```

web.xml 的关键代码如下：

```xml
<servlet>
<servlet-name>Logout</servlet-name>
<servlet-class>com.cdzhiyong.Logout</servlet-class>
</servlet>
<servlet-mapping>
<servlet-name>Logout</servlet-name>
<url-pattern>/Logout</url-pattern>
</servlet-mapping>
```

代码详解：

注销的原理是使 session 失效。为了能够让读者掌握 Servlet 两种不同的配置方法，本节使用了 web.xml 配置的方式配置 Servlet，读者可自行改为通过注解的方式实现。

在 web.xml 中完成的一个最常见的任务是对 Servlet 或 JSP 页面给出名称和定制的 URL。用 Servlet 元素分配名称，使用 servlet-mapping 元素将定制的 URL 与刚分配的名称相关联。为了提供初始化参数，对 Servlet 或 JSP 页面定义一个定制 URL 或分配一个安全角色，必须首先给 Servlet 或 JSP 页面一个名称。可通过 Servlet 元素分配一个名称，最常见的格式包括 servlet-name 和 servlet-class 子元素（在 web-app 元素内）。例如：

```
<servlet>
<servlet-name>Logout</servlet-name>
<servlet-class>com.cdzhiyong.Logout</servlet-class>
</servlet>
```

这表示位于 WEB-INF/classes/com/cdzhiyong/Logout 的 Servlet 已经得到了注册名 Logout。给 Servlet 一个名称具有两个主要的含义。首先，初始化参数、定制的 URL 模式以及其他定制通过此注册名而不是类名引用此 Servlet。其次，可在 URL 而不是类名中使用此名称。

```
<servlet-mapping>
<servlet-name>Logout</servlet-name>
<url-pattern>/Logout</url-pattern>
</servlet-mapping>
```

这段代码表示是定制的 URL。为了分配一个定制的 URL，可使用 servlet-mapping 元素及其 servlet-name 和 url-pattern 子元素。servlet-name 元素提供了一个任意名称，可利用此名称引用相应的 servlet；url-pattern 描述了相对于 Web 应用的根目录的 URL。url-pattern 元素的值必须以斜杠（/）开始。

5.6 本章知识点

- JSP 的内置对象；
- Cookie 应用；
- DAO 设计模式。

5.7 本章小结

本章通过用户登录功能的实现，介绍了 JSP 内置对象的语法和用法以及数据持久操作常用的 DAO 设计模式。DAO 模式使表示层与业务逻辑层的代码进一步分离了，修改的时候也十分方便，只需要修改一个地方就可以看到效果。

5.8 练　　习

（1）设计团购网站的 DAO 层，实现对用户操作的查找用户、添加用户、删除用户、更新用户的代码。

（2）设计团购网站的登录页面，在登录页面输入用户名密码后，提交到 JSP 文件进行登录验证。登录成功则跳转到系统首页，否则给出登录错误原因并跳转到错误提示页面。

（3）完成团购网站的用户注销功能，注销后跳转到系统首页。

第6章

系统管理模块设计与开发

本章学习目标

通过对本章的学习,读者应该可以:
- 掌握过滤器的基本概念。
- 掌握过滤器的两种配置方法。
- 掌握 URL 传递参数的方法。
- 掌握通过注解和 web.xml 配置方式进行程序配置。
- 掌握 Servlet 的基本使用。
- 掌握 Servlet 的生命周期。

6.1 系统管理模块概述

系统管理模块主要是对管理员的管理,包括添加、删除管理员和修改密码等。系统管理模块结构如图 6-1 所示。

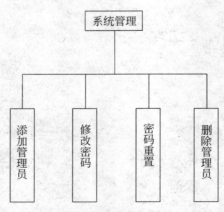

图 6-1 系统管理模块结构

6.2 基础知识

6.2.1 URL 传递参数

在 Web 开发中,所有参数不一定非要由表单传递过来,也可以使用地址重写的方式进行传递。地址重写的格式如下:

动态页面地址?参数名称 1=参数内容 1& 参数名称 2=参数内容 2&…

从格式的语法中可以发现,所有的参数与之前的地址使用"?"分离,然后按照"参数名称=参数内容"的格式传递参数,多个参数之间使用"&"分离。

6.2.2 Servlet

我们已经知道,Sun 公司以 Java Servlet 为基础,推出了 Java Server Page(JSP)。JSP 提供了 Java Servlet 的几乎所有好处,当一个客户请求一个 JSP 页面时,JSP 引擎根据 JSP 页面生成一个 Java 文件,即一个 Servlet。本章将对 Servlet 做一个较详细的介绍,这不仅对于深刻理解 JSP 有一定的帮助,而且通过学习 Servlet,还能使我们选择使用 JSP+JavaBeans+Servlet 的模式来开发 Web 应用程序。

1. Servlet 工作原理

Servlet 由支持 Servlet 的服务器——Servlet 引擎,负责管理运行。当多个客户请求一个 Servlet 时,引擎为每个客户启动一个线程而不是启动一个进程,这些线程由 Servlet 引擎服务器来管理,与传统的 CGI 为每个客户启动一个进程相比,效率要高得多。

2. Servlet 的生命周期

学习过 Java 语言的人对 Java Applet(Java 小应用程序)都很熟悉,一个 Java Applet 是 java.applet.Applet 类的子类,该子类的对象由客户端的浏览器负责初始化和运行。Servlet 的运行机制和 Applet 类似,只不过它运行在服务器端。一个 Servlet 是 javax.Servlet 包中 HttpServlet 类的子类,由支持 Servlet 的服务器完成该子类的对象,即 Servlet 的初始化。

Servlet 的生命周期主要由下列三个过程组成:

(1) 初始化 Servlet。Servlet 第一次被请求加载时,服务器初始化这个 Servlet,即创建一个 Servlet 对象,该对象调用 init 方法完成必要的初始化工作。

(2) 创建的 Servlet 对象再调用 service 方法响应客户的请求。

(3) 当服务器关闭时,调用 destroy 方法,销毁 Servlet 对象。

init 方法只被调用一次,即在 Servlet 第一次被请求加载时调用该方法。当后续的客户请求 Servlet 服务时,Web 服务将启动一个新的线程。在该线程中,Servlet 调用 service 方法响应客户的请求,也就是说,每个客户的每次请求都导致 service 方法被调用执行。

3. init 方法

该方法是 HttpServlet 类中的方法，我们可以在 Servlet 中重写这个方法。方法描述如下：

```
public void init(ServletConfig config) throws ServletException
```

Servlet 第一次被请求加载时，服务器初始化一个 Servlet，即创建一个 Servlet 对象，这个对象调用 init 方法完成必要的初始化工作。该方法在执行时，Servlet 引擎会把一个 SevletConfig 类型的对象传递给 init()方法，这个对象就被保存在 Servlet 对象中，直到 Servlet 对象被销毁。这个 ServletConfig 对象负责向 Servlet 传递服务设置信息。如果传递失败就会发生 ServeletException 异常，Servlet 就不能正常工作。

我们已经知道，当多个客户请求一个 Servlet 时，引擎为每个客户启动一个线程，因此 Servlet 类的成员变量被所有的线程共享。

4. service 方法

该方法是 HttpServlet 类中的方法，可以在 Servlet 中直接继承该方法或重写该方法。

方法描述如下：

```
public void service(HttpServletRequest request  HttpServletResponse  response) throw
         ServletException,IOException
```

当 Servlet 成功创建和初始化之后，Servlet 就调用 service 方法来处理用户的请求并返回响应。Servlet 引擎将两个参数传递给该方法。一个是 HttpServletRequest 类型的对象，该对象封装了用户的请求信息，调用相应的方法可以获取封装的信息，即使用这个对象可以获取用户提交的信息。另外一个参数对象是 HttpServletResponse 类型的对象，该对象用来响应用户的请求。init 方法只被调用一次，而 service 方法可能被多次调用。我们已经知道，当后续的客户请求 Servlet 服务时，Servlet 引擎将启动一个新的线程。在该线程中，Servlet 调用 service 方法响应客户的请求，也就是说，每个客户的每次请求都导致 service 方法被调用执行，调用过程运行在不同的线程中，互不干扰。

5. destroy 方法

该方法是 HttpServlet 类中的方法。Servlet 可直接继承这个方法，一般不需要重写。方法描述如下：

```
public destroy()
```

当 Servlet 引擎终止服务时，比如关闭服务器等，destroy()方法会被执行，销毁 Servlet 对象。

6. HttpServlet 对象

HttpServlet 首先必须读取 HTTP 请求的内容。Servlet 容器负责创建 HttpServlet 对象,并把 HTTP 请求直接封装到 HttpServlet 对象中,从而大大简化了 HttpServlet 解析请求数据的工作量。HttpServlet 容器响应 Web 客户请求流程如下:

(1) Web 客户向 Servlet 容器发出 HTTP 请求;
(2) Servlet 容器解析 Web 客户的 HTTP 请求;
(3) Servlet 容器创建一个 HttpRequest 对象,在这个对象中封装 HTTP 请求信息;
(4) Servlet 容器创建一个 HttpResponse 对象;
(5) Servlet 容器调用 HttpServlet 的 service 方法,把 HttpRequest 和 HttpResponse 对象作为 service 方法的参数传给 HttpServlet 对象;
(6) HttpServlet 调用 HttpRequest 的有关方法,获取 HTTP 请求信息;
(7) HttpServlet 调用 HttpResponse 的有关方法,生成响应数据;
(8) Servlet 容器把 HttpServlet 的响应结果传给 Web 客户。

7. ServletConfig 对象

作用:封装 Servlet 初始化参数。

可以在 web.xml 文件中 Servlet 元素下为 Servlet 配置初始化参数。

```
<init-param>
  <param-name>name</param-name>
    <param-value>aaaa</param-value>
</init-param>
```

Web 容器在初始化 Servlet 时,会将初始化参数封装到一个 ServletConfig 对象中,传给 init 方法。在 Servlet 中覆写 init 方法,就可以获得 ServletConfig。父类 GenericServlet 中定义了一个成员变量用于记住此对象,并提供了 getServletConfig 方法。可以直接调用此方法获得 config 对象,再调用 getInitParameter(name)方法获得想要的配置项。

```
//获得ServletConfig对象
ServletConfig config=getServletConfig();
String encoding=config.getInitParameter("encoding");
System.out.println("encoding="+encoding);
```

6.2.3 doGet()与 doPost()方法

每个 Servlet 一般都需要重写 doGet 方法,因为父类的 HttpServlet 的 doGet 方法是空的,没有实现任何代码,子类需要重写此方法。

doGet:处理 GET 请求。
doPost:处理 POST 请求。

doGet 方法的定义代码如下：

```
public void doGet(HttpServletRequest request,HttpServletResponse response)
throws ServletException,IOException{}.
```

当客户使用 GET 方式请求 Servlet 时，Web 容器调用 doGet 方法处理请求。

通常不用 doGet 方法。doGet 方法提交表单的时候会在 URL 后边显示提交的内容，所以不安全。doGet 方法只能提交 256 个字符（1024 字节），而 doPost 没有限制，因为 GET 方式数据的传输载体是 URL（提交方式可以是 form，也可以是任意的 URL 链接），而 POST 是 HTTP 头键值对（只能以 form 方式提交）。通常使用的都是 doPost 方法，只要在 Servlet 中让这两个方法互相调用即可，例如在 doGet 方法中可这样写：

```
public void doGet(HttpServletRequest request, HttpServletResponse response)
throws ServletException, IOException {
doPost(request,response);
}
```

再把业务逻辑直接写在 doPost 方法中。Servlet 碰到 doGet 方法就会直接去调用 doPost，因为它们的参数都一样；而且 doGet 方法处理中文很困难，要写过滤器之类的才可解决。

6.2.4 Servlet 注解

注解（Annotation）也叫元数据，是一种代码级别的说明。它是 JDK 5.0 及以后版本引入的一个特性，与类、接口、枚举在同一个层次。它可以声明在包、类、字段、方法、局部变量、方法参数等的前面，用来对这些元素进行说明、注释。

注解是以"@注解名"在代码中存在的。根据注解参数的个数，可以将注解分为标记注解、单值注解、完整注解三类。它们都不会直接影响程序的语义，只是作为注解（标识）存在，可以通过反射机制编程实现对这些元数据（用来描述数据的数据）的访问。

注解的作用可以分为三类：

（1）编写文档：通过代码里标识的元数据生成文档。

（2）代码分析：通过代码里标识的元数据对代码进行分析。

（3）编译检查：通过代码里标识的元数据让编译器实现基本的编译检查。

注解相当于一种标记。在程序中加了注解，就等于为程序打上了某种标记；没加注解，则等于没有某种标记。以后，Javac 编译器、开发工具和其他程序可以用反射来了解类及各种元素上有何种标记，并可按照标记去做相应的事情。标记可以加在包、类、字段、方法、方法的参数以及局部变量上。

6.2.5 Servlet 的两种配置方式

1. 使用 web.xml

在 web.xml 中添加对 Servlet 的配置。本章要实现注册功能的 Servlet 的配置文件代码如下：

```
<servlet>
<servlet-name>Register</servlet-name>          //我们定义的 Servlet 应用名字
<servlet-class>com.cdzhiyong.Register</servlet-class>
                                               //我们定义的 Servlet 应用名字对应的具体 Servlet 文件
</servlet>
<servlet-mapping>                              //地址映射
<servlet-name>Register</servlet-name>          //我们定义的 Servlet 应用名字
<url-pattern>/Register</url-pattern>           //地址名
</servlet-mapping>
```

请记住：XML 元素不仅对大小写敏感，而且定义它们的次序也很重要。

2. 使用注解

开发者可以用注解标记 Servlet、Filter 等，而不用在部署描述符 web.xml 文件中进行配置。随着注解的引入，部署描述符 web.xml 文件成为可选的。在 Web 应用中，使用注解的类仅当其位于 WEB-INF/classes 目录中或被打包到位于应用的 WEB-INF/lib 中的 jar 文件中时，它们的注解才被处理。

3. @WebServlet

@WebServlet 用于在 Web 应用程序中标记一个继承了 HttpServlet 的类为 Servlet。其属性 urlPatterns 的值即是 web.xml 中的 url-pattern。该注解用于在 Web 应用中定义 Servlet 组件。该注解在一个类上指定并包含关于声明的 Servlet 的元数据。必须指定注解的 urlPatterns 或 value 属性。所有其他属性是可选的默认设置（请参考 javadoc 获取更多细节）。当注解上唯一属性是 URL 模式时推荐使用 value，使用其他属性时要用 urlPatterns 属性。在同一注解上同时使用 value 和 urlPatterns 属性是非法的。如果没有指定 Servlet 名字，则默认是全限定类名。被注解的 Servlet 必须指定至少一个 URL 模式进行部署。如果同一个 Servlet 类以不同的名字声明在部署描述符中，则必须实例化一个新的 Servlet 实例。

@WebServlet 注解的类必须继承 javax.servlet.http.HttpServlet 类。

下面是使用该注解的一个示例：

```
@WebServlet("/Register")
public class Register extends HttpServlet
```

6.2.6 过滤器

JSP 可以完成的功能 Servlet 都可以完成，但是 Servlet 的很多功能是 JSP 所不具备的。Servlet 可以分为简单 Servlet（之前所讲、所用的都属于简单 Servlet）、过滤器 Servlet（过滤器）和监听 Servlet（监听器）。JSP 可以完成的也只是简单 Servlet 的功能。本节将讲述过滤器的使用。

1. 过滤器的基本概念

过滤器(Filter)是在 Servlet 2.3 之后增加的新功能。当需要限制用户访问某些资源或者在处理请求时要提前处理某些资源时，即可使用过滤器。

过滤器以组件的形式绑定到 Web 应用程序中。与其他 Web 应用程序组件不同的是，过滤器采用"链"的方式进行处理，如图 6-2 所示。

图 6-2　过滤器的处理

在没有使用过滤器时，客户端都是直接请求 Web 资源的，一旦加入了过滤器，从图 6-2 中就可以发现，所有的请求都是先交给过滤器处理，然后再访问相应的 Web 资源，从而可实现对某些资源的访问限制。

2. 过滤器主要方法

在 Servlet 中，如果要定义一个过滤器，则直接让一个类实现 javax.servlet.Filter 接口即可。此接口定义了 3 个操作方法，如表 6-1 所示。

表 6-1　Filter 的主要方法

序号	方　　法	类型	描　　述
1	public void init（FilterConfig fConfig）throws ServletException	普通	过滤器初始化(容器启动时初始化)时调用，可以通过 FilterConfig 取得配置的初始化参数
2	public void doFilter（ServletRequest request, ServletResponse response, FilterChain chain）throws IOException, ServletException	普通	完成具体的过滤操作，然后通过 FilterChain 让请求继续向下传递
3	public void destroy()	普通	过滤器销毁时使用

表 6-1 的 3 个方法中，最需要注意的是 doFilter() 方法。在此方法中定义了 ServletRequest、ServletResponse、FilterChain 三个参数。从前面两个参数中可以发现，过滤器可以完成对任意协议的过滤操作。FilterChain 接口的主要作用是将用户的请求向下传递给其他过滤器或 Servlet，此接口的方法如表 6-2 所示。

表 6-2　doFilter 方法

序号	方　　法	类型	描　　述
1	public void doFilter（ServletRequest request, ServletResponse response）throws IOException, ServletException	普通	将请求继续向下传递

在 FilterChain 接口中依然定义了一个同样的 doFilter 方法，这是因为在一个过滤器后面可能存在另一个过滤器，也可能是请求的最终目标(Servlet)，这样就通过 FilterChain 形成了一个"过滤器链"的操作。过滤器链类似于生活中玩的击鼓传花游戏。

在击鼓传花游戏中,每一位参加游戏的人员都知道下一位的接收者是谁,所以只需要将花一直传递下去即可。在过滤器中,实际上请求就相当于所传的"花",而传递时不管下面是否有操作及有何种操作,都要一直传递下去。

3. 过滤器的应用

在 Web 开发中,使用 request 接收请求参数是最常见的操作。但是,在进行参数提交时也会存在中文的乱码问题,如下面的程序所示。

提交参数:

```
<%@page language="java" contentType="text/html" pageEncoding="GBK"%>
<html>
<head>
<title>Scope</title>
</head>
<body>
<form action="demo.jsp" method="post">
请输入信息<inputtype="text" name="info"><inputtype="submit" value="提交">
</form>
</body>
</html>
```

接收参数:

```
<%@page language="java" contentType="text/html" pageEncoding="GBK"%>
<html>
<head>
<title>Insert title here</title>
</head>
<body>
<%//接收表单提交的信息
        String info=request.getParameter("info");
%>
<%=info %>
</body>
</html>
```

程序运行以后,输入中文将会出现乱码,运行效果如图 6-3 和图 6-4 所示。

图 6-3　输入中文　　　　　　　　　图 6-4　中文乱码

英文字母可以正常显示，但是中文却无法正常显示。之所以会出现这种情况，主要原因是浏览器默认的是 UTF-8 编码，而中文的 GBK 和 UTF-8 的编码是不一样的。由于双方的编码不统一，根本就无法进行沟通，所以造成了乱码。

这个时候，可以直接通过 setCharacterEncoding()方法设置一个统一的编码。加入编码设置后的程序如下：

```jsp
<%@ page language="java" contentType="text/html;charset=gbk"%>
<html>
<head>
<title>Insert title here</title>
</head>
<body>
<%//接收表单提交的信息
        request.setCharacterEncoding("gbk");
        String info=request.getParameter("info");
%>
<%=info %>
</body>
</html>
```

再次运行已经可以正确显示中文，如图 6-5 所示。

这样每次在 JSP 页面上都要加上编码设置的操作，非常麻烦。下面介绍使用过滤器来实现此操作。关键代码如下：

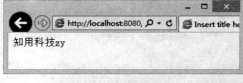

图 6-5　正确显示中文

```java
@WebFilter(
        urlPatterns={ "/*" },
        initParams={
                @WebInitParam(name="encoding", value="gbk")
        })
public class CharsetFilter implements Filter {
    private String encoding;

    public void destroy(){

    }


    public void doFilter(ServletRequest request, ServletResponse response,
    FilterChain chain)throws IOException, ServletException {
        //设置统一编码
        request.setCharacterEncoding(encoding);
        chain.doFilter(request, response);
    }
```

```
public void init(FilterConfig fConfig)throws ServletException {
    //取得初始化参数
    this.encoding=fConfig.getInitParameter("encoding");
}
```
}

在程序中 CharsetFilter 实现了 Filter 接口，所以要覆写 Filter 接口中定义的 3 个方法。

4. 过滤器的配置方式

过滤器的配置与 Servlet 的配置非常类似，都具有注解和 web.xml 两种配置方法。

```
@WebFilter(
        urlPatterns={"/*"},
        initParams={
                @WebInitParam(name="encoding", value="utf-8")
        })
```

@WebFilter 表示此处使用注解的方式进行配置，<url-pattern>表示一个过滤器的过滤位置，如果是"/*"表示对于根目录下的一切操作都需要过滤。@WebInitParam 表示设置的初始化参数及参数的值。过滤器中的初始化方法是在容器启动时自动加载的，并且通过 FilterConfig 的 getIntParameter()方法取出了配置的初始化参数，只初始化一次。但是对于过滤器中的 doFilter()方法实际上会调用两次，一次是在 FilterChain 操作之前，一次是在 FilterChain 操作之后。

下面给出使用 web.xml 配置的方式实现的过滤器：

```
public class CharsetFilter implements Filter {
    private String encoding;

    public void destroy(){

    }

    public void doFilter (ServletRequest request, ServletResponse response, FilterChain chain)throws IOException, ServletException {
        //设置统一编码
        request.setCharacterEncoding(encoding);
        chain.doFilter(request, response);
    }

    public void init(FilterConfig fConfig)throws ServletException {
```

```
        //取得初始化参数
        this.encoding=fConfig.getInitParameter("encoding");
    }

}
web.xml:

<filter>
<filter-name>charset</filter-name>
<filter-class>com.cdzhiyong.filter.CharsetFilter</filter-class>
<init-param>
<param-name>encoding</param-name>
<param-value>utf-8</param-value>
</init-param>
</filter>
<filter-mapping>
<filter-name>charset</filter-name>
<url-pattern>/*</url-pattern>
</filter-mapping>
```

6.2.7 页面跳转

在 JSP/Servlet 开发中,经常会有页面跳转。常用的有两种方式,一种是 Forward(转发),另一种是 Redirect(重定向)。

Forward 是服务器请求资源,服务器直接访问目标地址的 URL,把该 URL 的响应内容读取过来,然后把这些内容再发给浏览器。浏览器根本不知道服务器发送的内容是从哪里来的,因为这个跳转过程是在服务器实现的,而不是在客户端实现的。由于客户端并不知道这个跳转动作,所以它的地址栏中还是原来的地址。

Redirect 是服务端根据逻辑发送一个状态码,告诉浏览器重新去请求那个地址,所以地址栏显示的是新的 URL。

6.2.7.1 <jsp:forward>

在 JSP 页面中可以使用<jsp:forward>指令将一个用户的请求(requrest)从一个页面传递到另外一个页面,即完成跳转的操作。

语法如下:

不传递参数:

```
<jsp:forward page="跳转的页面" />
```

传递参数:

```
<jsp:forward page="跳转的页面">
<jsp:param name="参数名称" value="参数值"/>
```

```
...
</jsp:forward>
```

从语法中可以发现,跳转指令与之前的动态包含指令的语法非常类似,只是完成的功能不同,而且使用此语句也可以向跳转后的页面传递参数。

跳转页:forward_demo01.jsp

```
<%@ page language="java" contentType="text/html" pageEncoding="UTF-8" %>
<html>
<head>
</head>
<body>
<%
 String name="知用科技";
%>
<jsp:forward page="forward_demo01.jsp">
<jsp:param name="name" value="<%=name%>">
<jsp:param name="info" value="helloworld">
</jsp:forward>
</body>
</html>
```

跳转之后的页面:forward_demo02.jsp

```
<%@page language="java" contentType="text/html" pageEncoding="UTF-8" %>
<html>
<head>
</head>
<body>
<h1>参数 1:<%=request.getParameter("name")%></h1>
<h1>参数 2:<%=request.getParameter("info")%></h1>
</body>
</html>
```

这种跳转语句也属于服务器跳转,跳转之后地址栏的路径不会改变,所以此种跳转属于服务器端跳转。

6.2.7.2 使用头信息进行页面跳转

在实际的开发中,读者经常可以看到有些页面经常提示"5 秒后跳转到首页"这样的定时跳转操作。使用 setHeader()方法,将头信息名称设置为 refresh,同时指定跳转的时间,并在跳转的路径后加上要跳转的 URL 即可实现页面跳转。代码如下:

response_demo.jsp 的实现

```
<%@page language="java" contentType="text/html; charset=UTF-8"
pageEncoding="UTF-8"%>
```

```
<!DOCTYPE html PUBLIC"-//W3C//DTD HTML 4.01 Transitional//EN""http://www.w3.org/TR/html4/loose.dtd">
<html>
<head>
<meta http-equiv="Content-Type" content="text/html; charset=UTF-8">
<title>Insert title here</title>
</head>
<body>
<h3>5秒后跳转到hello.html界面</h3>
<%
    response.setHeader("refresh", "5;URL=hello.html");
%>
</body>
</html>
```

以上操作代码设置了在 5 秒后跳转到 URL 指定的页面,如图 6-6 所示。如果将 refresh 中的跳转时间设置为 0,那么将会立刻跳转。

图 6-6 跳转提示

response_demo.jsp 中设置的页面定时跳转到 hello.html 页面后,浏览器的地址也已经变成了 hello.html,所以这种改变地址栏的跳转也被称为客户端跳转,如图 6-7 所示。

图 6-7 跳转到指定页面

6.2.7.3 sendRedirect()跳转

除了前面提到的两种页面跳转方式外,还可以使用 response 对象的 sendRedirect() 方法完成页面的跳转。示例 response_demo.jsp 代码如下:

```
<%@page language="java" contentType="text/html; charset=UTF-8"
```

```
pageEncoding="UTF-8"%>
<!DOCTYPE html PUBLIC"-//W3C//DTD HTML 4.01 Transitional//EN""http://www.w3.
org/TR/html4/loose.dtd">
<html>
<head>
<meta http-equiv="Content-Type" content="text/html; charset=UTF-8">
<title>Insert title here</title>
</head>
<body>
<h3>5秒后跳转到hello.html界面</h3>
<%
    response.sendRedirect("hello.html");
%>
</body>
</html>
```

以上代码直接在程序中编写了跳转语句，所以程序会直接跳转到 hello.html 页面。使用 response.sendRedirect() 跳转后，地址栏的页面地址发生了改变，属于客户端跳转。

6.2.8 通过 JSP 页面调用 Servlet

1. 通过表单向 Servlet 提交数据

JSP 页面都可以通过表单或超链接访问某个 Servlet。通过 JSP 页面访问 Servlet 的好处是，JSP 页面可以负责页面的静态信息处理，动态信息处理交给 Servlet 去完成。

2. 通过超链接访问 Servlet

在 JSP 页面中，单击一个超链接，访问 Servlet。代码如下：

```
<%@page contentType="text/html;charset=GB2312" %><HTML>
<BODY bgcolor=cyan><Font size=1>
<A href="/servlet/Hello" >加载servlet<A></BODY></HTML>
```

6.3 系统管理模块的实现过程

6.3.1 界面设计

管理员管理界面如图 6-8 所示。

6.3.2 管理员数据模型实现

管理员的 Bean 实现代码如下：

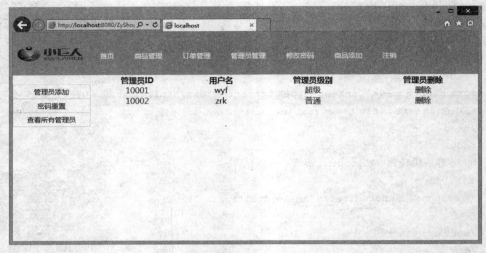

图 6-8 管理员管理界面

```java
package com.cdzhiyong.domain;

public class Admin {

    private int aid;
    private String aname;
    private String apwd;
    private String alevel;

    public Admin(){
    }

    public Admin(int aid, String aname, String apwd, String alevel){
        super();
        this.aid=aid;
        this.aname=aname;
        this.apwd=apwd;
        this.alevel=alevel;
    }

    public int getAid(){
        return aid;
    }

    public void setAid(int aid){
        this.aid=aid;
    }
```

```java
    public String getAname(){
        return aname;
    }

    public void setAname(String aname){
        this.aname=aname;
    }

    public String getApwd(){
        return apwd;
    }

    public void setApwd(String apwd){
        this.apwd=apwd;
    }

    public String getAlevel(){
        return alevel;
    }

    public void setAlevel(String alevel){
        this.alevel=alevel;
    }
}
```

代码详解：

管理员有 4 个属性：aid(管理员的唯一标示符)、aname(管理员用户名)、apwd(管理员密码)、alevel(管理员级别)。

6.3.3 数据操作层接口实现

数据操作层接口实现代码如下：

```java
package com.cdzhiyong.dao;

import java.util.List;

import com.cdzhiyong.domain.Admin;

public interface IAdminDao {

    /**
     * 添加管理员
     * @param admin 管理员对象实例
     * @return 影响的行数
```

```java
     */
    public int addAdmin(Admin admin);


    /**
     * 通过用户名查找管理员
     * @param name 用户名
     * @return 管理员对象实例
     */
    public Admin findAdmin(String name);


    /**
     * 为管理员生成一个 ID
     * @return id
     */
    public int getAdminId();


    /**
     * 通过 sql 语句判断要查询的数据是否是合法数据
     * @param sql
     * @return 是否合法
     */
    publicboolean isLegal(String sql);


    /**
     * 获取所有管理员
     * @return 管理员集合
     */
    public List<Admin>getAllAdmin();


    /**
     * 通过 sql 更新管理员信息
     * @param sql
     * @return 影响的行数
     */
    public int updateAdmin(String sql);


    /**
     * 通过用户名查找管理员的 ID
     * @param name 管理员名称
     * @return 管理员 ID
     */
    publicint findIdByName(String name);

}
```

在这个接口中定义了 Admin 操作的基本方法。

6.3.4 数据操作实现

IAdminDAOImpl.java 实现了 IAdminDAO 接口中的方法。

数据操作实现代码如下：

```java
public class IAdminDAOImpl implements IAdminDao {

    @Override
    public int addAdmin(Admin admin){
        int row=0;
        int id=admin.getAid();
        String name=admin.getAname();
        String pwd=admin.getApwd();
        String level=admin.getAlevel();
        String sql="insert admininfo(Aid, Aname, Apwd, Alevel)values("+id+",
'"+name+"', '"+pwd+"', '"+level+"')";

        DBUtil db=new DBUtil();
        Connection conn=db.getConnection();
        Statement stmt=null;
        try {
            stmt=conn.createStatement();
            row=stmt.executeUpdate(sql);
            db.closeAll(conn, stmt, null);
        } catch(SQLException e){
            e.printStackTrace();
        }

        returnrow;
    }

    @Override
    public Admin findAdmin(String name){
        Admin admin=null;
        String sql="select * from where aname='"+name+"'";
        DBUtil db=new DBUtil();
        Connection conn=db.getConnection();
        Statement stmt=null;
        ResultSet rs=null;
        try {
            stmt=conn.createStatement();
            rs=stmt.executeQuery(sql);
```

```java
            if(rs.next()){
                int aid=rs.getInt(1);
                String aname=rs.getString(2);
                String pwd=rs.getString(3);
                String level=rs.getString(4);
                admin=new Admin(aid, aname, pwd, level);
            }
            db.closeAll(conn, stmt, rs);
        } catch(SQLException e){
            e.printStackTrace();
        }
        return admin;
    }

    @Override
    public int getAdminId(){
        int id=0;
        DBUtil db=new DBUtil();
        Connection conn=db.getConnection();
        Statement stmt=null;
        String sql="select Max(Aid) from admininfo";
        ResultSet rs=null;
        try {
            stmt=conn.createStatement();
            rs=stmt.executeQuery(sql);
            if(rs.next()){
                id=rs.getInt(1);
            }
            db.closeAll(conn, stmt, rs);
        } catch(SQLException e){
            e.printStackTrace();
        }
        id++;
        return id;
    }

    @Override
    public boolean isLegal(String sql){
        boolean legal=false;
        DBUtil db=new DBUtil();
        Connection conn=db.getConnection();
        Statement stmt;
        ResultSet rs;
        try {
```

```java
            stmt=conn.createStatement();
            rs=stmt.executeQuery(sql);
            if(rs.next()){
                legal=true;
            }
            db.closeAll(conn, stmt, rs);
        } catch(SQLException e){
            e.printStackTrace();
        }
        return legal;
    }

    @Override
    public List<Admin> getAllAdmin(){
        List<Admin> admins=new ArrayList<Admin>();
        String sql="select * from admininfo";
        DBUtil db=new DBUtil();
        Connection conn=db.getConnection();
        Statement stmt=null;
        ResultSet rs=null;
        try {
            stmt=conn.createStatement();
            rs=stmt.executeQuery(sql);
            Admin admin=null;
            while(rs.next()){
                int id=rs.getInt(1);
                String name=rs.getString(2);
                String pwd=rs.getString(3);
                String level=rs.getString(4);
                admin=new Admin(id, name, pwd, level);
                admins.add(admin);
            }
            db.closeAll(conn, stmt, rs);
        } catch(SQLException e){
            e.printStackTrace();
        }
        return admins;
    }

    @Override
    public int updateAdmin(String sql){
        DBUtil db=new DBUtil();
        Connection conn=db.getConnection();
        Statement stmt;
```

```
        int row=0;
        try {
            stmt=conn.createStatement();
            row=stmt.executeUpdate(sql);
            db.closeAll(conn, stmt, null);
        } catch(SQLException e){
            e.printStackTrace();
        }

        return row;
    }

}
```

在 getAllAdmin 中通过 List 的方式保存了所有管理员的信息,并返回一个 List 供其他函数使用。

6.3.5 管理员添加实现

管理员添加管理员用户的基本信息,界面设计如图 6-9 所示。

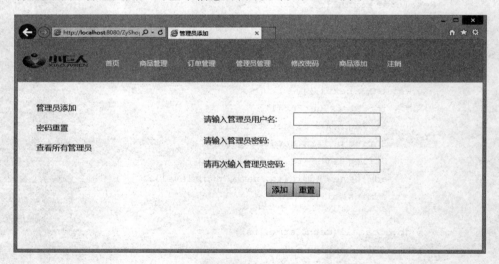

图 6-9　添加管理员

JSP 页面 adminadd.jsp 实现的关键代码如下:

```
<form action="./AddAdmin" method="post" name="addform">
<tr>
<td>请输入管理员用户名:</td>
<td><input name="aname"/></td>
</tr>
<tr>
```

```html
<td><br/>请输入管理员密码:</td>
<td><br/><input type="password" name="apwd"/></td>
</tr>
<tr>
<td><br/>请再次输入管理员密码:</td>
<td><br/><input type="password" name="secpwd"/></td>
</tr>
<tr>
<td align="right">
<br/><input type="submit" value="添加" onclick="check()"/>
</td>
<td><br/><input type="reset" value="重置"/></td>
</tr>
</form>
```

代码详解：

用户输入合法的信息后，单击"添加"按钮，将会把信息传递给 AddAdmin.java 这个 Servlet 类进行处理。

AddAdmin.java 的关键代码如下：

```java
protected void doPost(HttpServletRequest request, HttpServletResponse response)throws ServletException,IOException{
    String aname=request.getParameter("aname").trim();
    String apwd=request.getParameter("apwd").trim();
    IAdminDao dao=new IAdminDAOImpl();
    int id=dao.getAdminId();
    String level="普通";
    String temp="select Aid from AdminInfo where aname='"+aname+"'";
    boolean flag=dao.isLegal(temp);
    String msg="";

    if(flag)
    {
        msg="对不起该用户已经存在!!!";
    }
    else
    {
    Admin admin=new Admin(id, aname, apwd, level);

    int i=dao.addAdmin(admin);
    if(i==1)
    {
        msg="恭喜您,管理员添加成功!!!";
    }
```

```
        else
        {
            msg="对不起,管理员添加失败!!!";
        }
    }
    request.setAttribute("msg",msg);
    request.getRequestDispatcher("/error.jsp").forward(request, response);
}
```

代码详解：

默认添加的管理员都只具有"普通"的权限。添加管理员前首先判断是否有同名用户存在，没有同名用户才会添加成功。通过 request.setAttribute 的方式将添加成功与否的信息传递到下一个页面。

6.3.6 密码重置实现

密码重置用于超级管理员对其他管理员进行密码重置。密码重置的界面设计效果如图 6-10 所示。

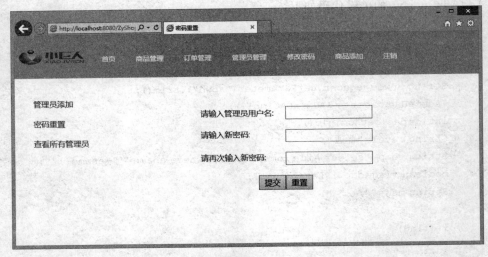

图 6-10 密码重置的界面

adresetpwd.jsp 的关键代码如下：

```
<form action="./ResetPwd" method="post" name="addform">
<tr>
<td>请输入管理员用户名:</td>
<td><input name="aname"/></td>
</tr>
<tr>
<td><br/>请输入新密码:</td>
<td><br/><input type="password" name="apwd"/></td>
```

```
</tr>
<tr>
<td><br/>请再次输入新密码:</td>
<td><br/><input type="password" name="secpwd"/></td>
</tr>
<tr>
<td align="right">
<br/><input type="submit" value="提交" onclick="check()"/>
</td>
<td><br/><input type="reset" value="重置"/></td>
</tr>
</form>
```

逻辑处理类 ResetPwd.java 的关键代码如下：

```java
protected void doPost(HttpServletRequest request, HttpServletResponse 
response)throws ServletException, IOException {
    String aname=request.getParameter("aname").trim();
    String apwd=request.getParameter("apwd").trim();
    String temp="select Aid from AdminInfo where aname='"+aname+"'";
    IAdminDao dao=new IAdminDAOImpl();
    boolean flag=dao.isLegal(temp);
    String msg="";
    if(!flag)
    {
        msg="对不起,用户名输入错误!!!";
    }
    else
    {
        String sql="update AdminInfo set Apwd='"+apwd+"' where aname='"+
        aname+"'";
        int i=dao.updateAdmin(sql);
        if(i==1)
        {
            msg="恭喜您,密码重置成功!!!";
        }
        else
        {
            msg="对不起,密码重置失败!!!";
        }
    }
    request.setAttribute("msg", msg);
    request.getRequestDispatcher("/error.jsp").forward(request, response);
}
```

代码详解：

首先判断用户输入的管理员用户名是否有效，如果无效则会提示重新输入。

6.3.7 查看所有管理员实现

查看所有管理员便于超级管理员对普通管理员进行管理。界面设计效果如图 6-11 所示。

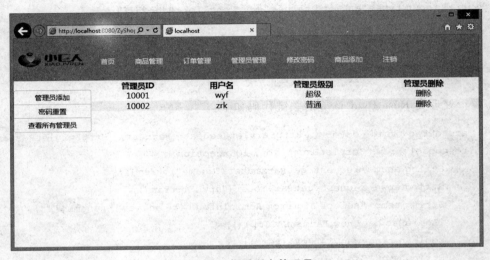

图 6-11 查看所有管理员

AdminManage 的关键代码如下：

```java
@WebServlet(description="超级管理员的管理", urlPatterns={ "/AdminManage" })
public class AdminManage extends HttpServlet {
    private static final long serialVersionUID=1L;

    protected void doGet (HttpServletRequest request, HttpServletResponse response)throws ServletException, IOException {
        doPost(request, response);
    }

    protected void doPost (HttpServletRequest request, HttpServletResponse response)throws ServletException, IOException {
        HttpSession session=request.getSession();
        String aname= (String)session.getAttribute("admin");
        String sql="select Aid from AdminInfo where Aname='"+aname
                    +"' and Alevel='超级'";

        IAdminDao dao=new IAdminDAOImpl();
        boolean flag=dao.isLegal(sql);
        if(flag)
```

```java
        {
            session.setAttribute("level","超级");
    IAdminDao adminImpl=new IAdminDAOImpl();
    List<Admin> admins=adminImpl.getAllAdmin();
    request.setAttribute("admins", admins);

    request.getRequestDispatcher("/jsp/admin/adminmanage.jsp").forward(request, response);
        }
        else
        {
            request.setAttribute("msg","对不起,您没有权限来进行管理!!!");
            request.getRequestDispatcher("/error.jsp").forward(request, response);
        }

    }

}
```

代码详解:

当用户单击"查看所有管理员"链接时,首先是 AdminManage 这个 Servlet 进行业务处理,由 dao.isLegal 判断是否是超级管理员,只有超级管理员才具有查看所有管理员的权限,所以通过 Alevel 字段来控制管理员的权限,只有 Alevel 为"高级"的管理员才可以进行操作。

如果是非超级管理员,则给出无权处理的提示;如果是超级管理员则进行操作,并将所有管理员对象通过 request.setAttribute("admins", admins)保存起来,供 adminmanage.jsp 使用。

adminmanage.jsp 的关键代码:

```jsp
<table width="70%" hight="100%">
<tr>
        <th>管理员 ID</th>
        <th>用户名</th>
        <th>管理员级别</th>
        <th>管理员删除</th>
</tr>

<%
    IAdminDao adminImpl=new IAdminDAOImpl();
    List<Admin> admins=adminImpl.getAllAdmin();
    int i=0;

            Admin admin;
```

```
                    for(i=0; i<admins.size(); i++)
                    {
                        admin=admins.get(i);
                        pageContext.setAttribute("admin", admin);
                        if(i%2==0)
                        {
                            out.println("<tr align='center'>");
                        }
                        else
                        {
                            out.println("<tr align='center' bgcolor='#F5F9FE
                            '>");
                        }
%>
            <td>${admin.getAid()}</td>
            <td>${admin.getAname()}</td>
            <td>${admin.getAlevel()}</td>
            <td><a href="${pageContext.request.contextPath}/删除</a></td>
        </tr>
        <%
                    }
        %>
            </table>
```

代码详解：

在该文件中使用了一段脚本，在这样的脚本中完全可以使用 Java 中的所有类，在这段脚本中通过"IAdminDao adminImpl＝new IAdminDAOImpl()"来实现对数据库的操作。＜a href="../AdminDelete? aid=<%=admin.getAid()%>">删除</a>这行代码通过 URL 传递参数的方式将用户的 id 传递到了 AdminDelete 中。

这里通过 List<Admin> admins＝adminImpl.getAllAdmin()获取所有的管理员信息，利用 pageContext.setAttribute("admin"，admin)将 admin 信息保存在 page 范围内供 EL 表达式＄{admin.getAid()}使用。

6.3.8 删除管理员实现

AdminDelete.java 关键代码如下：

```
protected void doPost (HttpServletRequest request, HttpServletResponse
response)throws ServletException, IOException {
    String aid=request.getParameter("aid").trim();
    int id=Integer.parseInt(aid);
    String temp="select Aid from AdminInfo where Aid="+
                            id+" and Alevel='超级'";
```

```
        IAdminDao dao=new IAdminDAOImpl();
        boolean flag=dao.isLegal(temp);
        String msg="";
        if(!flag)
        {
            String sql="delete from AdminInfo where Aid="+id;
            int i=dao.updateAdmin(sql);
            if(i==1)
            {
                msg="恭喜您,管理员删除成功!!!";
            }
            else
            {
                msg="对不起,管理员删除失败!!!";
            }
        }
        else
        {
            msg="对不起,超级管理员不可以删除!!!";
        }
        request.setAttribute("msg",msg);
        request.getRequestDispatcher("/error.jsp").forward(request, response);
    }
```

代码详解：

系统首先判断当前操作的是否是超级管理员，然后根据＜a href＝"../AdminDelete?aid=＜％＝admin.getAid()％＞"＞传递的 id 再进行删除操作。

6.4 使用 Filter 控制用户权限

6.4.1 过滤器实现步骤

右键单击包名 com. cdzhiyong. filter New→Filter，在弹出的向导界面（如图 6-12 所示）中，输入过滤器的名称 AdminLoginFilter 到 Class name 文本框中。

输入之后，单击 Next 按钮进入下一步。在 Description 文本框中输入对这个过滤器的描述"管理员登录权限控制"，并在 Filter mappings 中选择/AdminLoginFilter 后单击 Edit 按钮进入下一步，如图 6-13 所示。

在接下来的向导界面中把"/AdminLoginFiler"修改为"/admin/＊"，如图 6-14 所示。

单击 OK 按钮完成过滤器的创建。可以看到创建的代码已经默认为我们实现了 Filter 中的三个方法（方法体是空的）。接下来，需要我们自己实现 doFilter 方法。

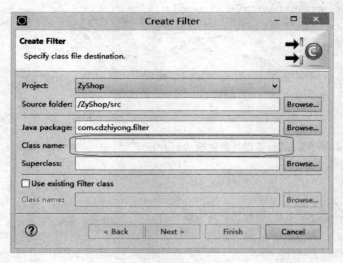

图 6-12　创建过滤器（1）

图 6-13　创建过滤器（2）

图 6-14　设置 URL pattern

6.4.2　关键代码实现

实现后的过滤器如下：

```
@WebFilter(description="管理员登录权限控制",urlPatterns={"/admin/*"})
```

```java
public class AdminLoginFilter implements Filter {

    public void destroy(){

    }

    public void doFilter (ServletRequest request, ServletResponse response,
    FilterChain chain)throws IOException, ServletException {
        HttpServletRequest req= (HttpServletRequest)request;
        HttpSession session=req.getSession();
        if(session.getAttribute("admin")==null){
            ((HttpServletResponse)response).sendRedirect("../adlogin.jsp");
        }else{
            chain.doFilter(request, response);
        }

    }


    public void init(FilterConfig fConfig)throws ServletException {

    }

}
```

代码详解：

过滤器使用注解的方式进行了配置。@WebFilter 表示使用的是注解的方式，description 是对该过滤器的一个描述，urlPatterns＝{ "/admin/ * " }表示所有 admin 目录下的请求都要经过该过滤器。

在 doFilter()方法中实现了对用户访问权限的控制，原理就是看 session 能否获取。如果能，则代表用户已经登录，并把过滤器交给下一个过滤器处理；如果不能，则通过 sendRedirect 将系统跳转到管理员的登录页面。

我们看到，代码中使用了((HttpServletResponse)response)的方式对 ServletResponse 进行了强制转换，那么 HttpServletResponse 与 ServletResponse、HttpServletRequest 与 ServletRequest 之间有什么关系呢？

所有 Servlet 响应都实现 ServletResponse 接口。HttpServletResponse 继承了 ServletResponse 接口，并提供了与 HTTP 协议有关的方法，这些方法的主要功能是设置 HTTP 状态码和管理 Cookie。HttpServletRequest 接口用来处理一个对 Servlet 的 HTTP 格式的请求，ServletRequest 也是一个接口，这个接口定义一个 Servlet 引擎产生的对象。通过这个对象，Servlet 可以获得客户端请求的数据。

在这里我们碰到了一个问题：HttpServletResponse 继承了 ServletResponse，对 ServletResponse 进行了强制转换。对子类向上转型得到父类对象是安全的，因为子类会完全继承父类的方法，向上转型为父类。调用父类的方法其实在子类实现中是能完全找到的。反之向下转型是不安全的。因为子类除了完全继承父类的方法外还会拓展自己的方法，在调用子类方法时可能在父类实现中找不到，所以向下转型不安全。可是上述代码中的实现却让我们困惑：不仅实现了向下转型，同时还调用了子类拓展的方法，该方法是父类没有的，可是却实现了。为什么呢？

HttpServletResponse 和 ServletResponse 都是接口，它们都只定义了方法却没有提供相关实现，所以我们看到的 ServletResponse response 中的 response 对象其实不是 ServletRequest 的一个具体实现。

这里转型是否安全，其实主要看 response 对象的具体实现类究竟是继承了哪个接口。如果继承了 HttpServletResponse 接口，那么向下转型使用 HttpServletResponse 接口的方法就是安全的。测试如下：

```
if(response instanceof HttpServletResponse){
    System.out.println("我是右边类的实例");
}
```

输出：

我是右边类的实例

证明 response 对象的确是 HttpServletResponse 的一个实例。

6.5 本章知识点

- 使用 URL 进行参数的传递；
- 过滤器的概率和使用方法；
- Servlet 的基本知识；
- 页面跳转；
- JSP 调用 Servlet 文件。

6.6 本章小结

本章通过系统管理模块的开发，对 URL 参数传递和过滤器进行了讲解。使用过滤器可以对客户请求/响应进行拦截，可以在请求到达 Servlet/JSP 之前对其进行预处理，而且能够在响应离开 Servlet/JSP 之后对其进行后处理；所以如果有几个 Servlet/JSP 需要执行同样的数据转换或页面处理，就可以使用一个过滤器类。

6.7 练 习

（1）完成团购网站系统管理的页面设计，并开发添加管理员、删除管理员及对管理员赋予相应权限的功能。

（2）利用过滤器完成对用户登录权限的控制。没有登录系统的用户只能浏览信息，登录后的用户可以进行相应的操作；如果没有登录就操作，则系统直接跳转到登录页面。

第7章 商品管理模块设计与开发

本章学习目标

通过本章学习,读者应该可以:
- 了解 JSTL 的主要作用及配置。
- 掌握 JSTL 中 Core 标签的使用。
- 在实际开发中使用 JSTL 标签。
- 掌握表达式语言的作用与 4 种属性范围的关系。
- 使用表达式语言完成数据的输出。
- 掌握表达式语言中各种运算符的使用。
- 掌握 JavaBean 的基本定义格式。
- 掌握 JavaBean 的 4 种属性保存范围。
- 掌握文件上传的基本原理。
- 掌握 commons-fileupload 与 commons-io 的使用。
- 掌握翻页的基本原理。

7.1 商品管理模块概述

商品必须由具有一定权限的后台管理人员进行管理,普通用户登录后无法进行商品管理操作。商品管理模块框架如图 7-1 所示。

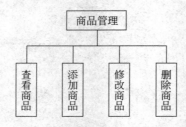

图 7-1 商品管理模块框架

7.2 基础知识

7.2.1 JSTL

JSTL(JSP Standard Tag Library,JSP 标准标签库)是一个不断完善的开放源代码的 JSP 标签库,是由 Apache 的 Jakarta 小组来维护的。它可以直接从 http://tomcat.apache.org/taglibs/standard/下载,目前最新版本为 1.2,如图 7-2 所示。

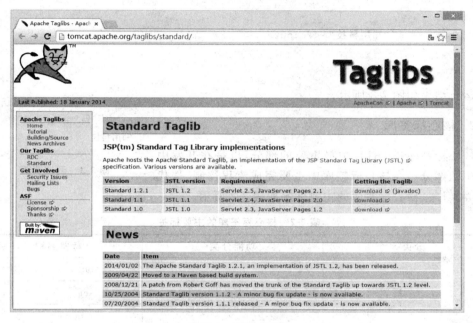

图 7-2 JSTL 下载

JSTL 提供的标签库主要分为 5 类,如表 7-1 所示。

表 7-1 JSTL 标签库分类

JSTL	前缀	URL
核心标签库	c	http://java.sun.com/jsp/jstl/core
I18N 格式标签库	fmt	http://java.sun.com/jsp/jstl/fmt
SQL 标签库	sql	http://java.sun.com/jsp/jstl/sql
XML 标签库	xml	http://java.sun.com/jsp/jstl/xml
函数标签库	fn	http://java.sun.com/jsp/jstl/functions

1. 安装 JSTL1.2

从官方网站下载 taglibs-standard-impl-1.2.1.jar、taglibs-standard-compat-1.2.1.jar、taglibs-standard-jstlel-1.2.1.jar、taglibs-standard-spec-1.2.1.jar,将这些文件保存

到工程目录 WEB-INF\lib 下即可，此时就可使用 JSTL 进行开发了。安装完成后用如下代码进行测试。

```
<%@page language="java" contentType="text/html; charset=UTF-8"
    pageEncoding="UTF-8"%>
<%@taglib uri="http://java.sun.com/jsp/jstl/core" prefix="c"%>
<html>
<head>
<title>知用科技</title>
</head>
<body>
<c:out value="知用科技"></c:out>
</body>
</html>
```

运行结果如图 7-3 所示。

2. 核心标签库

核心标签库是 JSTL 中最重要的部分，也是在开发中最常用的部分。在核心标签库中主要完成流程控制、迭代输出等操作。核心标签库的主要标签如表 7-2 所示。

图 7-3　测试页面

表 7-2　核心标签库的主要标签

分类	功能分类	标签名称
Core	表达式操作	out
		set
		remove
		catch
	流程控制	if
		choose
		when
		otherwise
	迭代操作	forEach
		forTokens
	URL 操作	import
		param
		url
		redirect

1）<c:out>

<c:out>标签主要是用来输出数据对象（字符串、表达式）的内容或结果。

在使用 Java 脚本输出时，通常使用的方式为<%out.println("字符串")%>或者<%=表达式%>。在 Web 开发中，为了避免暴露逻辑代码可尽量减少页面中的 Java 脚本，使用<c:out>标签就可以实现该功能：

```
<c:out value="字符串">
<c:out value="EL 表达式">
```

JSTL 的使用和 EL（Expression Language，表达式语言）表达式是分不开的。EL 表达式虽然可以直接将结果返回给页面，但有时得到的结果为空。<c:out>有特定的结果处理功能，EL 的单独使用会降低程序的易读性，因此建议把 EL 的结果放入<c:out>标签中。

<c:out>标签有两种语法格式。

语法 1

```
<c:out value="要显示的数据对象" [escapeXml="true|false"] [default="默认值"]/>
```

语法 2

```
<c:out value="要显示的数据对象" [escapeXml="true|false"]>默认值</c:out>
```

这两种方式没有本质的区别，只是格式上的差别。[escapeXml="true|false"][default="默认值"]这些使用[]的属性不是必需的。

<c:out>标签的属性如表 7-3 所示。

表 7-3 <c:out>标签的属性

属 性 名	是否支持 EL	属性类型	属 性 描 述
value	是	Object	指定要输出的内容
escapeXml	是	Boolean	指定是否将>、<、&、;、'、"等特殊字符进行 HTML 编码转换后再输出，默认值为 true
default	是	Object	指定 value 属性的值为 null 时所输出的默认值

2）<c:set>

<c:set>标签用于把某一个对象存储在指定的域范围内，或者将某一个对象存储到 Map 或者 JavaBean 对象中。

<c:set>标签的有 4 种语法格式。

语法 1：存值，把一个值存储在指定的域范围内。

```
<c:set value="值 1" var="name1" [scope="page|request|session|application"]/>
```

含义：把一个变量名为 name1、值为"值 1"的变量存储在指定的 scope 范围内。

语法 2：

```
<c:set var="name2" [scope="page|request|session|application"]>
    值2
</c:set>
```

含义：把一个变量名为 name2、值为"值 2"的变量存储在指定的 scope 范围内。

语法 3：

```
<c:set value="值 3" target="JavaBean 对象" property="属性名"/>
```

含义：把一个"值 3"赋值给指定的 JavaBean 的属性名。相当于 setter()方法。

语法 4：

```
<c:set target="JavaBean 对象" property="属性名">
    值4
</c:set>
```

含义：把一个"值 4"赋值给指定的 JavaBean 的属性名。

在功能上语法 1 和语法 2、语法 3 和语法 4 的效果是一样的，只是 value 值放置的位置不同，至于使用哪个可根据个人的喜爱选择。语法 1 和语法 2 是在 scope 范围内存储一个值，语法 3 和语法 4 是给指定的 JavaBean 赋值。

<c:set>标签的属性如表 7-4 所示。

表 7-4 <c:set>标签的属性

属 性 名	是否支持 EL	属性类型	属 性 描 述
value	是	Object	用于指定属性值
var	否	String	用于指定要设置的 Web 域属性的名称
scope	否	String	用于指定属性所在的 Web 域
target	是	Object	用于指定要设置属性的对象，这个对象必须是 JavaBean 对象或 java.util.Map 对象
property	是	String	用于指定当前要为对象设置的属性名称

3）<c:if>

<c:if>标签和程序中的 if 语句作用相同，用来实现条件控制。

<c:if>标签的语法如下。

语法 1：没有标签体内容(body)。

```
<c:if test="testCondition" var="varName" [scope="{page|request|session|application}"]/>
```

语法 2：有标签体内容。

```
<c:if test="testCondition" [var="varName"] [scope="{page|request|session|application}"]>
```

　　　　标签体内容
</c:if>

参数说明：

(1) test 属性用于存放判断的条件，一般使用 EL 表达式来编写。

(2) var 属性用来存放判断的结果，类型为 true 或 false。

(3) scope 属性用来指定 var 属性存放的范围。

4) <c:forEach>

该标签根据循环条件遍历集合(Collection)中的元素。

<c:forEach>标签的语法如下：

```
<c:forEach
  var="name"
  items="Collection"
  varStatus="StatusName"
  begin="begin"
  end="end"
  step="step">
本体内容
</c:forEach>
```

参数说明：

(1) var 设定变量名用于存储从集合中取出的元素。

(2) items 指定要遍历的集合。

(3) varStatus 设定变量名，该变量用于存放集合中元素的信息。

(4) begin、end 用于指定遍历的起始位置和终止位置(可选)。

(5) step 指定循环的步长。

7.2.2 EL

1. 表达式语言简介

EL(Expression Language，表达式语言)是 JSP 2.0 版本的新内容。使用表达式语言可以方便地访问标志位(在 JSP 中一共提供了 page(pageContext)、request、session 和 application 4 种标志位)中的属性内容，从而避免在 JSP 文件中出现较多脚本代码。访问的简便语法如下：

```
${属性名称}
```

使用表达式语言可以方便地访问对象中的属性、提交的参数或者进行各种数学运算；而且使用表达式语言最大的特点是：如果输出的内容为 null，则会自动使用空字符串("")表示。下面一段代码可以体现使用 EL 的好处。

```
<%@page language="java"contentType="text/html; charset=UTF-8"
```

```
pageEncoding="UTF-8"%>
<html>
<head>
<meta http-equiv="Content-Type" content="text/html; charset=UTF-8">
<title>EL</title>
</head>
<body>
<%
        request.setAttribute("name","知用科技");
        if(request.getAttribute("name")!=null){
%>
使用脚本<br>
<h3><%=request.getAttribute("name")%></h3>
<%
        }
%>
使用 EL<br>
<h3>${name}</h3>
</body>
</html>
```

上述程序在使用脚本输出 name 的属性时，首先通过判断语句，判断在 request 范围内是否存在 name 属性。如果存在，则进行输出。之所以加入判断操作，主要就是为了避免没有设置 request 属性而输出 null 的情况。如果使用表达式语言进行操作，对于同样的功能就会简单很多。两者完成了一样的功能，但 EL 显得更简单、更容易。

2. . 和 [ ] 运算符

EL 提供 . 和 [ ] 两种运算符来导航数据。下列两行语句所代表的意思是一样的：

```
${sessionScope.user.sex}
${sessionScope.user["sex"]}
```

. 和 [ ] 也可以混合使用，例如：

```
${sessionScope.shoppingCart[0].price}
```

回传结果为 shoppingCart 中第一项物品的价格。

不过，以下两种情况中，两者会有差异。

（1）若要存取的属性名称中包含一些特殊字符，如 . 或 - 等非字母或数字的符号，就一定要使用 [ ]。例如：

```
${user.My-Name}
```

上述不正确的方式应当改为：

```
${user["My-Name"]}
```

（2）考虑下列情况：

```
${sessionScope.user[data]}
```

此时，data 是一个变量。假若 data 的值为"sex"，那么上述例子等于 ${sessionScope.user.sex}；假若 data 的值为"name"，它就等于 ${sessionScope.user.name}。因此，如果要动态取值，就可以用上述方法来做，但无法做到动态取值。

3. 表达式语言的内置对象

表达式语言的主要功能就是进行内容的显示。为了方便显示，在表达式语言中提供了许多内置对象。通过对不同内置对象的设置，表达式语言可以输出不同的内容。JSP 有 9 个隐含对象，而 EL 也有自己的隐含对象。EL 隐含对象总共有 11 个，如表 7-5 所示。

表 7-5 表达式隐含对象

隐含对象	类型	说明
PageContext	javax.servlet.ServletContext	表示此 JSP 的 PageContext
PageScope	java.util.Map	取得 page 范围内的属性名称所对应的值
RequestScope	java.util.Map	取得 request 范围内的属性名称所对应的值
SessionScope	java.util.Map	取得 session 范围内的属性名称所对应的值
ApplicationScope	java.util.Map	取得 application 范围内的属性名称所对应的值
Param	java.util.Map	如同 ServletRequest.getParameter(String name)。回传 String 类型的值
ParamValues	java.util.Map	如同 ServletRequest.getParameterValues(String name)。回传 String[]类型的值
Header	java.util.Map	如同 ServletRequest.getHeader(String name)。回传 String 类型的值
HeaderValues	java.util.Map	如同 ServletRequest.getHeaders(String name)。回传 String[]类型的值
Cookie	java.util.Map	如同 HttpServletRequest.getCookies()
InitParam	java.util.Map	如同 ServletContext.getInitParameter(String name)。回传 String 类型的值

4. 访问 4 种属性范围内的内容

使用表达式语言可以输出 4 种属性范围内的内容。如果此时在不同的属性范围内设置了同一个属性的名称，则按照如下顺序查找：page→request→session→application。

下面是设置了同名属性的例子：

```
<%@page language="java" contentType="text/html; charset=UTF-8"
pageEncoding="UTF-8"%>
```

```
<html>
<head>
<meta http-equiv="Content-Type"content="text/html; charset=UTF-8">
<title>Scope</title>
</head>
<body>
<%
        pageContext.setAttribute("name", "page 范围");      //设置 page 属性
        request.setAttribute("name", "request 范围");       //设置 request 属性
        session.setAttribute("name", "session 范围");       //设置 session 属性
        application.setAttribute("name", "application 范围");
                                                            //设置 application 属性
%>

<h3>${name}</h3>
</body>
</html>
```

图 7-4　测试页面

按照顺序来讲,肯定输出的是 page 范围内的 name。输出结果如图 7-4 所示。

这时可以指定一个要取出属性的范围,范围一共有 4 种标记,如表 7-6 所示。

表 7-6　属性范围

序号	属性范围	范 例	说 明
1	pageScope	${pageScope.属性}	取出 page 范围内的属性内容
2	requestScope	${requestScope.属性}	取出 request 范围内的属性内容
3	sessionScope	${sessionScope.属性}	取出 session 范围内的属性内容
4	application	${application.属性}	取出 application 范围内的属性内容

指定了取值范围的属性,代码如下:

```
<%@page language="java" contentType="text/html; charset=UTF-8"
pageEncoding="UTF-8"%>
<html>
<head>
<meta http-equiv="Content-Type"content="text/html; charset=UTF-8">
<title>Scope</title>
</head>
<body>
<%
        pageContext.setAttribute("name", "page 范围");      //设置 page 属性
        request.setAttribute("name", "request 范围");       //设置 request 属性
        session.setAttribute("name", "session 范围");       //设置 session 属性
        application.setAttribute("name", "application 范围");
                                                            //设置 application 属性
```

```
%>
<h3>page 属性内容：${pageScope.name}</h3>
<h3>request 属性内容：${requestScope.name}</h3>
<h3>session 属性内容：${sessionScope.name}</h3>
<h3>application 属性内容：${applicationScope.name}</h3>
</body>
</html>
```

由于已经指定了范围，所以可以取出不同属性范围内的同名属性。运行结果如图 7-5 所示。

图 7-5　测试页面

1）调用内置对象操作

在 JSP 中可以使用 pageContext() 取得 request、session、application 的实例，所以在表达式语言中，可以通过 pageContext 这个表达式的内置对象调用 JSP 内置对象提供的方法。如下形式：

获取 IP 地址：

${pageContext.session.id}

session id：

${pageContext.session.new}

2）接收请求参数

使用表达式语言还可以显式接收请求参数，功能与 request.getParameter() 类似，语法如下：

${param.参数名称}

3）接收一组参数

如果传递的是一组参数，则可以按照如下格式接收：

${paramValues.参数名称}

需要注意的是，因为接收的是一组参数，如果想要取出，则需要分别指定下标。

4）在表达式中使用函数

JSTL 使用表达式来简化页面的代码，这对一些标准的方法，例如 Bean 的 getter、setter 方法或者 context 以及 session 中的数据的访问非常方便，但是在实际应用中经常需要在页面调用对象的某些方法。例如需要调用字符串的 length 方法来获取字符串的长度时，在以往的开发过程中必须把对象先转为 String 类，然后再调用 length 方法，这样的代码不仅繁琐而且容易出错。

JSTL 内置了几个用于字符串操作的方法，可以直接在表达式中使用，从而大大简化了代码，提高了代码的可读性。在 JSTL 的表达式中使用函数的格式如下：

${ns:methodName(args....)}

在使用这些函数之前，必须在 JSP 中引入标准函数的声明：

<%@taglib prefix="fn" uri="http://java.sun.com/jsp/jstl/functions" %>

表 7-7 是 JSTL 中自带的方法列表及其描述。

表 7-7　JSTL 方法

函 数 名	函 数 说 明	使 用 举 例
fn:contains	判断字符串是否包含另外一个字符串	<c:if test="${fn:contains(name, searchString)}">
fn:containsIgnoreCase	判断字符串是否包含另外一个字符串（大小写无关）	<c:if test="${fn:containsIgnoreCase(name, searchString)}">
fn:endsWith	判断字符串是否以另外一个字符串结束	<c:if test="${fn:endsWith(filename, ".txt")}">
fn:escapeXml	把一些字符转成 XML 表示，例如＜字符应该转为 <	${fn:escapeXml(param:info)}
fn:indexOf	获取子字符串在母字符串中出现的位置	${fn:indexOf(name, "—")}
fn:join	将数组中的数据联合成一个新字符串，并使用指定字符隔开	${fn:join(array, ";")}
fn:length	获取字符串的长度或者数组的大小	${fn:length(shoppingCart.products)}
fn:replace	替换字符串中指定的字符	${fn:replace(text, "—", "•")}
fn:split	把字符串按照指定字符切分	${fn:split(customerNames, ";")}
fn:startsWith	判断字符串是否以某个子串开始	<c:if test="${fn:startsWith(product.id, "100—")}">
fn:substring	获取子串	${fn:substring(zip, 6, —1)}
fn:substringAfter	获取从某个字符所在位置开始的子串	${fn:substringAfter(zip, "—")}

续表

函 数 名	函 数 说 明	使 用 举 例
fn:substringBefore	获取从开始到某个字符所在位置的子串	${fn:substringBefore(zip,"-")}
fn:toLowerCase	转为小写字符	${fn.toLowerCase(product.name)}
fn:toUpperCase	转为大写字符	${fn.UpperCase(product.name)}
fn:trim	去除字符串前后的空格	${fn.trim(name)}

7.2.3 JavaBean 简介

JavaBean 是使用 Java 语言开发的一个可重用的组件。在 JSP 开发中可以使用 JavaBean 减少重复代码,使整个 JSP 代码的开发更简洁。JSP 搭配 JavaBean 来使用,有以下优点:

- 可将 HTML 和 Java 代码分离,这主要是为了日后维护方便。如果把所有的程序代码(HTML 和 Java)都写到 JSP 页面中,会使整个程序代码又多又复杂,造成日后维护上的困难。
- 可以利用 JavaBean 的优点。将常用到的程序写成 JavaBean 组件。当 JSP 使用时,只要调用 JavaBean 组件来执行用户所需要的功能即可,不需要再重复写相同的程序,这样也可以节省开发所需要的时间。

在 JSP 中如果要应用 JSP 提供的 JavaBean 的标签来操作简单类,则此类必须要满足以下开发要求:

- 所有的类必须放在一个包中,在 Web 中没有包的类是不存在的。
- 所有的类必须声明为 public class,这样才能被外部所访问。
- 类中所有的属性都必须封装,即用 private 声明。
- 封装的属性如果需要被外部所操作,则必须编写对应的 setter、getter 方法。
- 一个 JavaBean 中至少存在一个无参构造方法,此方法为 JSP 中的标签所使用。

下面给出一个 JavaBean 的例子:

```
public class SimpleBean {
    private String name;
    private int age;
    public String getName(){
        return name;
    }
    public void setName(String name){
        this.name=name;
    }
    public int getAge(){
        return age;
```

```
    }
    public void setAge(int age){
        this.age=age;
    }
}
```

以上的 JavaBean 功能非常简单,只包含了 name 和 age 两个属性,同时包含对应的 setter 和 getter 方法。从这里可以看到,在 4.3.2 节创建的 User.java,其实就是一个标准的 JavaBean。

在 JavaBean 中不是要求应该存在一个无参的构造方法吗?为什么 SimpleBean 类中没有构造方法也称为 JavaBean 呢?实际上,如果一个类中没有明确地定义一个构造方法,会自动生成一个无参、什么都不做的构造方法,所以 SimpleBean.java 依然是一个 JavaBean。

如果在一个类中只包含了属性、setter 和 getter 方法,那么这种类就称为简单 JavaBean。除以上称呼外,还有以下几种称呼:

- POJO(Plain Ordinary Java Objects):简单 Java 对象。
- VO(Value Object):与简单 Java 对象对应,专门用于传递值的操作。
- TO(Transfers Object):传输对象。进行远程传输时,对象所在的类必须实现 java.io.Serializable 接口。

实际上,这些名词没有本质上的不同,都表示同一种类型的 Java。

7.2.4　JavaBean 的使用

1. 使用 JSP 的 page 指令导入所需要的 JavaBean

在 JSP 中可以使用<%@ page%>指令导入所需要的包。JavaBean 开发完成后,也可以按照此方式导入,代码如下:

```
<%@ page language="java" contentType="text/html;charset=gbk"%>
<%@ page import="com.cdzhiyong.domain.SimpleBean" %>
<html>
<head>
<title>JavaBean 的使用</title>
</head>
<body>
<%
    SimpleBean bean=new SimpleBean();
    bean.setName("知用科技");
    bean.setAge(28);
%>

<h3>姓名:<%=bean.getName()%></h3>
<h3>年龄:<%=bean.getAge()%></h3>
```

```
</body>
</html>
```

本程序只是将所需要的开发导入 JSP 文件中,然后产生 SimpleBean 的实例化对象,并调用其中的 setter 和 getter 方法。程序运行结果如图 7-6 所示。

图 7-6　测试页面

2. 使用<jsp:useBean>指令

除了使用 import 的语句外,也可以使用 JSP 中提供的<jsp:useBean>指令完成操作,该指令的操作语法如下:

```
<jsp:useBean id="实例化对象名称" scope="保存范围" class="包.类名称"/>
```

在 useBean 指令中存在 3 个属性。
- id:表示实例化对象的名称。
- scope:表示此对象保存的范围,有 page、request、session 和 application 4 种属性范围。
- class:对象所对应的包.类名称。

使用<jsp:useBean>完成的代码如下:

```
<%@page language="java" contentType="text/html;charset=gbk"%>
<jsp:useBean id="bean" scope="page" class="com.cdzhiyong.domain.SimpleBean"/>
<html>
<head>
<title>JavaBean 的使用</title>
</head>
<body>
<%
        bean.setName("知用科技");
        bean.setAge(28);
%>

<h3>姓名:<%=bean.getName()%></h3>
<h3>年龄:<%=bean.getAge()%></h3>
</body>
</html>
```

本程序通过<jsp:useBean>指令完成了调用。与使用 import 语句相比,此步骤省略了手工实例化对象的过程。在使用<jsp:useBean>指令时,实际上调用了SimpleBean类中的无参构造方法进行对象的实例化。

7.2.5 文件上传与下载

要在JSP里获得上传的文件,其实原理很简单,就是通过request.getInputStream()得到上传的整个post实体的流,用request.getHeader("Content-Type")来取得实体内容的分界字符串,然后根据HTTP协议,分析取得的上传的实体流,把文件部分筛选出来,然后在服务器端保存到磁盘文件中。另外,因为上传文件时,form的属性enctype="multipart/form-data",所以其他表单参数在上传文件时无法得到,除了筛选出文件进行保存,还应该把其他参数一起取出保存,以便在JSP程序中调用。

许多Web站点应用中都为用户提供通过浏览器上传文档资料的功能。例如,上传邮件附件、个人相片及共享资料等。对文件上传的功能,在浏览器端提供了较好的支持。只要将form表单的enctype属性设置为"multipart/form-data"即可;但在Web服务器端要获取浏览器上传的文件,就要进行复杂的编程处理。为了帮助Web开发人员接收浏览器上传的文件,一些公司和组织专门开发了文件上传组件。本节将详细介绍如何使用一个很流行的Apache组件——commons fileupload上传文件,并分析该组件源程序的设计思路和实现方法。

官方项目地址:http://commons.apache.org/proper/commons-fileupload/

FileUpload分析request的数据,生成一些独立的上传元素。每一个项目都继承自FileItem接口。

下载导入:

(1) 到 http://commons.apache.org/proper/commons-fileupload/download_fileupload.cgi下载最新的版本。

(2) 下载commons-io的jar包。下载地址:http://commons.apache.org/proper/commons-fileupload/dependencies.html。

下载之后将common-fileUpload.jar和common-io.jar复制到lib文件夹下即可。

JSP开发人员可以使用Apache文件上传组件来接收浏览器上传的文件。该组件由多个类共同组成,对于使用该组件来编写文件上传功能的JSP开发人员来说,只需要了解和使用其中的三个类:DiskFileUpload、FileItem和FileUploadException。这三个类全部位于org.apache.commons.fileupload包中。

首先说明form表格的enctpye的属性。

表单中enctype="multipart/form-data"的意思是设置表单的MIME编码。默认情况下,编码格式是application/x-www-form-urlencoded,不能用于文件上传;只有使用multipart/form-data,才能完整地传递文件数据,进行下面的操作。

enctype="multipart/form-data"是上传二进制数据;form里面的input值以二进制的方式传过去,所以request就得不到值了。也就是说加了这段代码,用request就会传递失败。

1. DiskFileUpload 类

DiskFileUpload 类是 Apache 文件上传组件的核心类，应用程序开发人员通过这个类与 Apache 文件上传组件进行交互。

下面介绍 DiskFileUpload 类中的几个常用的重要方法。

1) setSizeMax 方法

setSizeMax 方法设置请求消息实体内容允许的最大值，以防止客户端故意上传特大的文件来塞满服务器端的存储空间，单位为字节。

其完整语法定义如下：

```
public void setSizeMax(long sizeMax)
```

如果请求消息中的实体内容超过了 setSizeMax 方法的设置值，该方法将会抛出 FileUploadException 异常。

2) setSizeThreshold 方法

Apache 文件上传组件在解析和处理上传数据中的每个字段内容时，需要临时保存解析出的数据。

因为 Java 虚拟机默认可以使用的内存空间是有限的（笔者测试不大于 100MB），超出限制时将会发生"java.lang.OutOfMemoryError"错误。如果上传的文件很大，例如上传 800MB 的文件，在内存中将无法保存该文件的内容，Apache 文件上传组件将用临时文件来保存这些数据；但如果上传的文件很小，例如上传 600MB 的文件，显然将其直接保存在内存中更有效。setSizeThreshold 方法设置是否使用临时文件保存解析出的数据的临界值，该方法传入的参数的单位是字节。其完整语法定义如下：

```
public void setSizeThreshold(int sizeThreshold)
```

3) setRepositoryPath 方法

setRepositoryPath 方法设置 setSizeThreshold 方法中提到的临时文件的存放目录，要求使用绝对路径。其完整语法定义如下：

```
public void setRepositoryPath(String repositoryPath)
```

如果不设置存放路径，那么临时文件将被存储在"java.io.tmpdir"这个 JVM 环境属性所指定的目录中。Tomcat 5.5.9 将该属性设置为"＜tomcat 安装目录＞/temp/"目录。

4) parseRequest 方法

parseRequest 方法是 DiskFileUpload 类的重要方法，它是对 HTTP 请求消息进行解析的入口方法。如果请求消息中的实体内容的类型不是 multipart/form-data，该方法将抛出 FileUploadException 异常。

parseRequest 方法解析出 form 表单中的每个字段的数据，并将它们分别包装成独立的 FileItem 对象，然后将这些 FileItem 对象加入一个 List 类型的集合对象中返回。parseRequest 方法的完整语法定义如下：

```
public List parseRequest(HttpServletRequest req)
```

parseRequest 方法还有一个重载方法，该方法集中处理上述所有方法的功能。其完整语法定义如下：

```
parseRequest(HttpServletRequest req, int sizeThreshold, long sizeMax, String path)
```

这两个 parseRequest 方法都会抛出 FileUploadException 异常。

5）isMultipartContent 方法

isMultipartContent 方法判断请求消息中的内容是否是 multipart/form-data 类型，若是则返回 true，否则返回 false。

isMultipartContent 方法是一个静态方法，不用创建 DiskFileUpload 类的实例对象即可被调用。其完整语法定义如下：

```
public static final boolean isMultipartContent(HttpServletRequest req)
```

6）setHeaderEncoding 方法

由于浏览器在提交 form 表单时，会将普通表单中填写的文本内容传递给服务器。对于文件上传字段，除了传递原始的文件内容外，还要传递其文件路径名等信息。不管 form 表单采用的是 application/x-www-form-urlencoded 编码，还是 multipart/form-data 编码，它们仅仅是将各个 form 表单字段内容组织到一起的一种格式，而这些内容又是由某种字符集编码来表示的。multipart/form-data 类型的表单为表单字段内容选择字符集编码的原理和方式与 application/x-www-form-urlencoded 类型的表单是相同的。

form 表单中填写的文本内容和文件上传字段中的文件路径名在内存中就是其字符集编码的字节数组形式。Apache 文件上传组件在读取这些内容时，必须知道它们所采用的字符集编码，才能将它们转换成正确的字符文本返回。对于浏览器上传给 Web 服务器的各个表单字段的描述头内容，Apache 文件上传组件都需要将其转换成字符串返回。setHeaderEncoding 方法用于设置转换时所使用的字符集编码。setHeaderEncoding 方法的完整语法定义如下：

```
public void setHeaderEncoding(String encoding)
```

其中，encoding 参数指定将各个表单字段的描述头内容转换成字符串时所使用的字符集编码。

注意：如果读者在使用 Apache 文件上传组件时遇到了中文字符的乱码问题，一般都是没有正确调用 setHeaderEncoding 方法的原因。

2. FileItem 类

FileItem 类用来封装单个表单字段元素的数据。一个表单字段元素对应一个 FileItem 对象，通过调用 FileItem 对象的方法可以获得相关表单字段元素的数据。

FileItem 是一个接口，在应用程序中使用的实际上是该接口一个实现类。该实现类的名称并不重要，程序可以采用 FileItem 接口类型对它进行引用和访问。为了便于讲解,这里将 FileItem 实现类称为 FileItem 类。FileItem 类还实现了 Serializable 接口,以支持序列化操作。

对于 multipart/form-data 类型的 form 表单,浏览器上传的实体内容中的每个表单字段元素的数据之间用字段分隔界线进行分隔,两个分隔界线间的内容称为一个分区,每个分区中的内容可以被看作两部分。一部分是对表单字段元素进行描述的描述头,如图 7-7 所示;另外一部分是表单字段元素的主体内容。

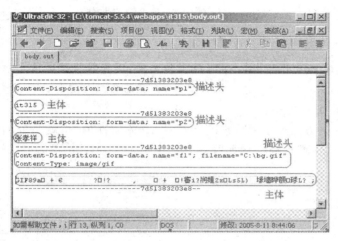

图 7-7　form 表单描述头的内容

主体部分有两种可能,要么是用户填写的表单内容,要么是文件内容。FileItem 类对象实际上就是对图 7-7 中的一个分区的数据进行封装的对象,它内部用了两个成员变量分别存储描述头和主体内容,其中保存主体内容的变量是一个输出流类型的对象。当主体内容的大小小于 DiskFileUpload.setSizeThreshold 方法设置的临界值时,这个流对象关联到一片内存,主体内容将会被保存在内存中。当主体内容超过 DiskFileUpload.setSizeThreshold 方法设置的临界值时,这个流对象关联到硬盘上的一个临时文件,主体内容将被保存到该临时文件中。临时文件的存储目录由 DiskFileUpload.setRepositoryPath 方法设置,临时文件名的格式为 upload_00000005(八位或八位以上的数字).tmp。FileItem 类内部提供了维护临时文件名中的数值不重复的机制,以保证临时文件名的唯一性。当应用程序将主体内容保存到一个指定的文件中,或 FileItem 对象被垃圾回收器回收,或 Java 虚拟机结束时,Apache 文件上传组件都会尝试删除临时文件,以尽量保证临时文件能被及时清除。

下面介绍 FileItem 类中的几个常用的方法。

1) isFormField 方法

isFormField 方法判断 FileItem 类对象封装的数据是属于普通表单字段,还是属于文件表单字段。如果是普通表单字段,则返回 true,否则返回 false。该方法的完整语法定义如下:

```
public boolean isFormField()
```

2) getName 方法

getName 方法用于获得文件上传字段中的文件名。如果 FileItem 类对象对应的是普通表单字段，getName 方法将返回 null。即使用户没有通过网页表单中的文件字段传递任何文件，只要设置了文件表单字段的 name 属性，浏览器也会将文件字段的信息传递给服务器，只是文件名和文件内容部分都为空，但这个表单字段仍然对应一个 FileItem 对象。此时，getName 方法的返回结果为空字符串""。读者在调用 Apache 文件上传组件时要注意这个情况。getName 方法的完整语法定义如下：

```
public String getName()
```

注意：如果用户使用 Windows 系统上传文件，浏览器将传递该文件的完整路径。如果用户使用 Linux 或者 Unix 系统上传文件，浏览器将只传递该文件的名称部分。

3) getFieldName 方法

getFieldName 方法返回表单字段元素的 name 属性值，也就是返回图 7-7 中的各个描述头部分的 name 属性值。例如"name＝p1"中的"p1"。getFieldName 方法的完整语法定义如下：

```
public String getFieldName()
```

4) write 方法

write 方法将 FileItem 对象保存的主体内容保存到某个指定的文件中。如果 FileItem 对象中的主体内容保存在某个临时文件中，该方法顺利完成后，临时文件有可能会被清除。该方法也可将普通表单字段内容写入到一个文件中，但它的主要用途是将上传的文件内容保存在本地文件系统中。其完整语法定义如下：

```
public void write(File file)
```

5) getString 方法

getString 方法将 FileItem 对象中保存的主体内容作为一个字符串返回，它有两个重载的定义形式：

```
public java.lang.String getString()
public java.lang.String getString(java.lang.String encoding)
        throws java.io.UnsupportedEncodingException
```

前者使用默认的字符集编码将主体内容转换成字符串，后者使用参数指定的字符集编码将主体内容转换成字符串。如果在读取普通表单字段元素的内容时出现了中文乱码现象，请调用第二个 getString 方法，并为之传递正确的字符集编码名称。

6) getContentType 方法

getContentType 方法用于获得上传文件的类型。对于图 7-7 中的第三个分区所示的描述头，getContentType 方法返回的结果为字符串 image/gif，即 Content-Type 字段的值部分。如果 FileItem 类对象对应的是普通表单字段，该方法将返回 null。getContentType 方法的完整语法定义如下：

```
public String getContentType()
```

7) isInMemory 方法

isInMemory 方法用来判断 FileItem 类对象封装的主体内容是存储在内存中,还是存储在临时文件中。如果存储在内存中,则返回 true,否则返回 false。其完整语法定义如下:

```
public boolean isInMemory()
```

8) delete 方法

delete 方法用来清空 FileItem 类对象中存放的主体内容。如果主体内容被保存在临时文件中,delete 方法将删除该临时文件。尽管 Apache 组件使用了多种方式尽量及时清理临时文件,但系统出现异常时,仍有可能使临时文件被永久保存在硬盘中。在有些情况下,可以调用这个方法来及时删除临时文件。其完整语法定义如下:

```
public void delete()
```

3. FileUploadException 类

在文件上传的过程中,可能发生各种各样的异常,例如网络中断、数据丢失等。为了对不同异常进行合适的处理,Apache 文件上传组件还开发了四个异常类,其中 FileUploadException 是其他异常类的父类,其他几个类只是被间接调用的底层类。对于 Apache 组件调用人员来说,只需对 FileUploadException 异常类进行捕获和处理即可。

7.3 数据模型实现

代码如下:

```java
public class Goods {
    private int gid;                    //商品 ID
    private String gname;               //商品名称
    private double gprice;              //商品价格
    private String gclass;              //商品类别
    private int gamount;                //商品数量
    private String gdate;               //商品上架日期
    private String gimgurl;             //商品图片的 URL
    private int glook;                  //商品的浏览次数
    private String gintro;              //商品介绍
    private String gbrief;              //商品简介

    public Goods(){
    }

    public Goods(int gid, String gname, double gprice, String gclass,
```

```java
            int gamount, String gdate, String gimgurl, int glook, String gintro,
            String gbrief){

    this.gid=gid;
    this.gname=gname;
    this.gprice=gprice;
    this.gclass=gclass;
    this.gamount=gamount;
    this.gdate=gdate;
    this.gimgurl=gimgurl;
    this.glook=glook;
    this.gintro=gintro;
    this.gbrief=gbrief;
}

public int getGid(){
    returngid;
}

public void setGid(int gid){
    this.gid=gid;
}

public String getGname(){
    return gname;
}

public void setGname(String gname){
    this.gname=gname;
}

public double getGprice(){
    return gprice;
}

public void setGprice(double gprice){
    this.gprice=gprice;
}

public String getGclass(){
    return gclass;
}

public void setGclass(String gclass){
```

```java
        this.gclass=gclass;
}

public int getGamount(){
    return gamount;
}

public void setGamount(int gamount){
    this.gamount=gamount;
}

public String getGdate(){
    return gdate;
}

public void setGdate(String gdate){
    this.gdate=gdate;
}

public String getGimgurl(){
    return gimgurl;
}

public void setGimgurl(String gimgurl){
    this.gimgurl=gimgurl;
}

public int getGlook(){
    return glook;
}

public void setGlook(int glook){
    this.glook=glook;
}

public String getGintro(){
    return gintro;
}

public void setGintro(String gintro){
    this.gintro=gintro;
}

public String getGbrief(){
```

```
        return gbrief;
    }

    public void setGbrief(String gbrief){
        this.gbrief=gbrief;
    }

}
```

代码详解：

这是一个典型的 JavaBean，类中所有的属性都定义为 private，并添加了 setter 和 getter 方法。该类定义了有参和无参的构造函数，方便在操作的过程中进行实例化。一个标准的 JavaBean 至少存在一个无参的构造函数。

7.4 数据操作层实现

7.4.1 数据操作接口定义

数据操作接口定义代码如下：

```
public interface IGoodsDao {

    /**
     * 添加商品
     * @param goods
     * @return
     */
    public int addGoods(Goods goods);

    /**
     * 通过 ID 查找商品
     * @param gid
     * @return
     */
    public Goods findById(int gid);

    /**
     * 获取商品的 ID
     * @return
     */
    public int getId();
```

```java
/**
 * 更新商品
 * @param goods
 * @return
 */
public int updateGoods(Goods goods);
}
```

代码详解：

该接口定义了操作 Goods 常用的方法。

7.4.2 数据操作接口实现

数据操作接口实现代码如下：

```java
public class IGoodsDaoImpl implements IGoodsDao {

    @Override
    public int addGoods(Goods goods){
        int id=goods.getGid();
        String name=goods.getGname();
        double price=goods.getGprice();
        String gclass=goods.getGclass();
        int amount=goods.getGamount();
        String imgurl=goods.getGimgurl();
        String intro=goods.getGintro();
        String brief=goods.getGbrief();

        int row=0;

        String sql="insert into GoodsInfo(Gid,Gname,Gprice,"+
                "Gamount,Gdate,Gclass,Gimgurl,Gintro,Gbrief)"+
                " values("+id+",'"+name+"',"+price+
                ","+amount+",now(),'"+gclass+
                "','"+imgurl+"','"+intro+"','"+brief+"')";
        DBUtil db=new DBUtil();
        Connection conn=db.getConnection();
        try {
            Statement st=conn.createStatement();
            row=st.executeUpdate(sql);
            db.closeAll(conn, st, null);
        } catch(SQLException e){
            e.printStackTrace();
        }
```

```java
        return row;
    }

    @Override
    public Goods findById(int id){
        Goods goods=null;
        String sql="select * from goodsinfo where gid="+id;
        DBUtil db=new DBUtil();
        Connection conn=db.getConnection();
        Statement st=null;
        ResultSet rs=null;

        try {
            st=conn.createStatement();
            rs=st.executeQuery(sql);
            while(rs.next()){
                String name=rs.getString("gname");
                double price=rs.getDouble("gprice");
                String gclass=rs.getString("gclass");
                int amount=rs.getInt("gamount");
                String date=rs.getString("gdate");
                String url=rs.getString("gimgurl");
                int look=rs.getInt("glook");
                String intro=rs.getString("gintro");
                String brief=rs.getString("gbrief");

                goods=new Goods(id, name, price, gclass, amount, date, url, look,
                intro, brief);
            }
            db.closeAll(conn, st, rs);
        } catch(SQLException e){
            e.printStackTrace();
        }

        returngoods;
    }

    @Override
    public int getId(){
        int id=0;
        DBUtil db=new DBUtil();
        Connection conn=db.getConnection();
        Statement stmt=null;
        ResultSet rs=null;
```

```java
        String sql="select Max(Gid)from goodsinfo";
        try {
            stmt=conn.createStatement();
            rs=stmt.executeQuery(sql);
            if(rs.next()){
                id=rs.getInt(1);
            }
            db.closeAll(conn, stmt, rs);
        } catch(SQLException e){
            e.printStackTrace();
        }
        id++;
        return id;
    }

    @Override
    public int updateGoods(Goods goods){
        int row=0;

        int gid=goods.getGid();
        String gname=goods.getGname();
        double gprice=goods.getGprice();
        String gclass=goods.getGclass();
        int gamount=goods.getGamount();
        String gdate=goods.getGdate();
        String gimgurl =goods.getGimgurl();
        //int glook=goods.getGlook();
        String gintro=goods.getGintro();
        String gbrief=goods.getGbrief();

        //得到要更新的 Sql 语句
        String sql="update GoodsInfo set gname=\""+gname+"\","+
                    "gprice="+gprice+",gamount="+gamount+",gclass='"+
                    gclass+"',gdate='"+gdate+"',gimgurl='"+gimgurl+"',"+
                    "gintro='"+gintro+"',gbrief='"+gbrief+"' where gid=
                    "+gid;
        DBUtil db=new DBUtil();
        Connection conn=db.getConnection();
        Statement st;

        try {
            st=conn.createStatement();
            row=st.executeUpdate(sql);
            db.closeAll(conn, st, null);
```

```
        } catch(SQLException e){
            e.printStackTrace();
        }

        return row;
    }
}
```

代码详解：

addGoods 方法中返回了一个 int 类型的值。如果该值大于 0，则表示添加成功；如果该值小于 0，则表示添加失败。从以上代码中看到，在数据库操作完成后都进行了 db.closeAll 的操作，一定要注意在对 Connection、Statement、ResultSet 操作之后及时进行关闭，避免出现内存泄露。在这个接口的实现中，操作的都是 Goods 这个 JavaBean 对象。findById 函数通过传入的 ID，返回了一个 Goods 对象。

7.5 商品添加实现过程

7.5.1 JSP 文件实现

商品添加设计效果如图 7-8 所示。

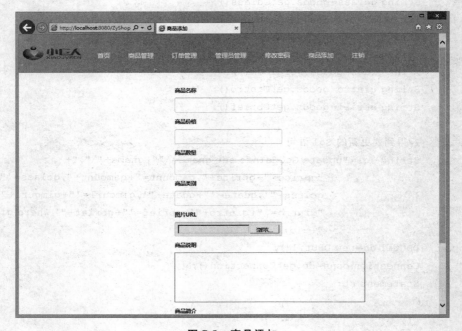

图 7-8 商品添加

```
<%@page contentType="text/html;charset=utf-8"%>
```

```jsp
<%
    if(session.getAttribute("admin")==null)
    {
        response.sendRedirect("../../adlogin.jsp");
    }
    else
    {
%>
<html>
<head>
<title>商品添加</title>
<link type="text/css" rel="stylesheet" href="${pageContext.request.contextPath}/css/style.css">

<script type="text/javascript" src="script/trim.js"></script>
<script type="text/javascript">
function addCheck()
    {
if(document.addform.gname.value.trim()=="")
        {
    alert("商品名称不能为空!!!");
    return;
        }
if(document.addform.gprice.value.trim()=="")
        {
    alert("商品价格不能为空!!!");
    return;
        }
if(isNaN(document.addform.gprice.value * 1))
        {
    alert("商品价格只能是数字!!!");
    return;
        }
if(document.addform.gamount.value.trim()=="")
        {
    alert("商品数量不能为空!!!");
    return;
        }
if(isNaN(document.addform.gamount.value * 1))
        {
    alert("商品数量只能是数字!!!");
    return;
        }
```

```
    if(document.addform.gintro.value.trim()=="")
        {
    alert("商品说明不能为空!!!");
    return;
        }
    if(document.addform.gbrief.value.trim()=="")
        {
    alert("商品简介不能为空!!!");
    return;
        }
        document.addform.submit();
    }
</script>
</head>
<body>
    <div class="layout">
        <div
            class="line padding-big-top padding-big-bottom navbar bg-blue bg-inverse ">
            <div class="x2">
                <button class="button icon-navicon float-right" data-target="# header-demo3"></button>
                <img src="${pageContext.request.contextPath}/img/jclogo(2).png" width="150" class="padding" height="50"/>
            </div>
            <%@ include file="../admin/admintop.jsp"%>
        </div>
    </div>

    <div class="layout denglubg padding-big-bottom">
        <div class="container">
            <div class="line-middle">
                <div class="x4 x4-left margin-large-top">
                    <form class="form form-block" action="../../AddGoods" method="post"
                        name="addform" enctype="multipart/form-data">
                        <div class="form-group">
                            <div class="label">
                                <label for="gname">商品名称</label>
                            </div>
                            <div class="field">

                                <input type="text" class="input" id="gname" name="gname"
```

```html
            size="50" data-validate="required:必填"/>
        </div>
    </div>
    <div class="form-group">
        <div class="label">
            <label for="gprice">商品价格</label>
        </div>
        <div class="field">

            <input type="text" class="input" id="gprice" name="gprice"
            size="50" data-validate="required:必填"/>
        </div>
    </div>
    <div class="form-group">
        <div class="label">
            <label for="gamount">商品数量</label>
        </div>
        <div class="field">

            <input type="text" class="input" id="gamount" name="gamount"
            size="50" data-validate="required:必填"/>
        </div>
    </div>
    <div class="form-group">
        <div class="label">
            <label for="gurl">商品类别</label>
        </div>
        <div class="field">

            <input type="text" class="input" id="gurl" name="gclass"
            size="50" data-validate="required:必填"/>
        </div>
    </div>
    <div class="form-group">
        <div class="label">
            <label for="gclass">图片 URL</label>
        </div>
        <div class="field">

            <input type="file" class="input" id="gurl" name="gurl" size="50"/>
```

```html
                </div>
            </div>
            <div class="form-group">
                <div class="label">
                    <label for="gintro">商品说明</label>
                </div>
                <div class="field">

                    <textarea cols="60" rows="6" name="gintro">
                    </textarea>
                </div>
            </div>
            <div class="form-group">
                <div class="label">
                    <label for="gbrief">商品简介</label>
                </div>
                <div class="field">
                    <textarea cols="60" rows="6" name="gbrief">
                    </textarea>
                </div>
            </div>
            <div class="form-button">
                <button class="button bg-dot" type="submit" onclick
                = "addCheck()">商品添加</button>
                   
                <button class="button bg-yellow form-reset" type=
                "reset">重置</button>
                <button class="button bg-yellow form-reset"type=
                "button"
                    onClick="history.back()">返回</button>
            </div>
        </form>
    </div>
  </div>
 </div>
</div>
</body>
</html>
<%
    }
%>
```

代码详解：

```
<%
```

```
        if(session.getAttribute("admin")==null)
        {
            response.sendRedirect("../../adlogin.jsp");
        }
        else
        {
%>
```

在代码的开始部分,使用了 JSP 脚本,通过 admin 是否为空来判断管理员是否进行了登录。如果没有登录,则通过 response.sendRedirect 的方式跳转到管理员登录界面提示管理员登录。

```
<form action="../../AddGoods" method="post" name="addform">
```

表示单击"商品添加"按钮后,系统通过 post 的方式将数据提交到一个叫做 AddGoods 的 servlet 类处理。"../../"表示相对路径。

表单中 enctype="multipart/form-data"的意思是设置表单的 MIME 编码。默认情况下,编码格式是 application/x-www-form-urlencoded,不能用于文件上传;只有使用 multipart/form-data,才能完整地传递文件数据,进行下面的操作。

enctype="multipart/form-data"是上传二进制数据;form 里面的 input 的值以二进制的方式传过去,所以 request 就得不到值了。也就是说加了这段代码之后,用 request 就会传递失败。怎么获取表单的数据呢?请看下一节的内容。

7.5.2 Servlet 类实现

Servlet 类实现代码如下:

```
@WebServlet(description="添加商品", urlPatterns={ "/AddGoods" })
public class AddGoods extends HttpServlet {
    private static final long serialVersionUID=1L;

    protected void doGet (HttpServletRequest request, HttpServletResponse response)throws ServletException, IOException {
        doPost(request, response);
    }

    protected void doPost (HttpServletRequest request, HttpServletResponse response)throws ServletException, IOException {

        //商品的各个属性
        String gname=null;
        String gprice=null;
        String gamount=null;
        String gclass=null;
```

```java
String gurl="";
String gintro=null;
String gbrief=null;

HttpSession session=request.getSession();
String[] pic={ ".gif", ".jpg", ".png", "jpeg" };        //只允许上传图片
boolean isMultipart=ServletFileUpload.isMultipartContent(request);
request.setCharacterEncoding("utf-8");
if(isMultipart){
    FileItemFactory factory=new DiskFileItemFactory();
    ServletFileUpload upload=new ServletFileUpload(factory);
    upload.setFileSizeMax(1024 * 1024 * 4);              //设置为 4MB
    upload.setHeaderEncoding("utf-8");
    try {
        List<FileItem> fileItemList=upload.parseRequest(request);
        for(FileItem item : fileItemList){
            if(!item.isFormField()){
                InputStream stream=item.getInputStream();
                String fileName=item.getName();
                if(fileName !=null&& !fileName.equals("")){
                    fileName=FilenameUtils.getName(fileName);
                }
                boolean flag=false;
                for(int i=0; i<pic.length; i++){
                    if(!fileName.endsWith(pic[i])){
                        continue;
                    } else {
                        flag=true;
                        break;
                    }
                }
                if(!flag&& !fileName.equals("")){
                    try {
                        throw new Exception("文件格式不正确,只允许上传图片!!!");
                    } catch(Exception e){
                        e.printStackTrace();
                    }
                }

                if(fileName !=null&& !fileName.equals("")){
                    //获取文件的后缀名
                    String prefix = fileName.substring(fileName.lastIndexOf(".")+1);
```

```java
                //以当前时间重命名文件
                fileName=getTime()+"."+prefix;
                //在/img/user/下保存上传的文件
                    Streams.copy(stream, new FileOutputStream(session.
                    getServletContext().getRealPath("/")
                        +"img/user/"+fileName), true);
                gurl="img/user/"+fileName;
                }
            }else{
                if(item.getFieldName().equals("gname")){
                    gname= newString(item.getString().getBytes("ISO-
                    8859-1"), "UTF-8");
                }else if(item.getFieldName().equals("gprice")){
                    gprice=new String(item.getString().getBytes("ISO-
                    8859-1"), "UTF-8");
                }else if(item.getFieldName().equals("gamount")){
                    gamount=new String(item.getString().getBytes("ISO-
                    8859-1"), "UTF-8");
                }else if(item.getFieldName().equals("gclass")){
                    gclass=new String(item.getString().getBytes("ISO-
                    8859-1"), "UTF-8");
                }else if(item.getFieldName().equals("gintro")){
                    gintro=new String(item.getString().getBytes("ISO-
                    8859-1"), "UTF-8");
                }else if(item.getFieldName().equals("gbrief")){
                    gbrief=new String(item.getString().getBytes("ISO-
                    8859-1"), "UTF-8");
                }
            }
        }
    } catch(FileUploadException e){
        e.printStackTrace();
    }
}

IGoodsDao dao=new IGoodsDaoImpl();
intgid=dao.getId();                                    //为商品添加一个ID
Goods goods=new Goods();
goods.setGid(gid);
goods.setGname(gname);
goods.setGprice(Double.parseDouble(gprice));
goods.setGamount(Integer.parseInt(gamount));
goods.setGclass(gclass);
//只把图片的URL保存到数据库
```

```
            goods.setGimgurl(gurl);
            goods.setGintro(gintro);
            goods.setGbrief(gbrief);
            int row=dao.addGoods(goods);
            String msg;
            if(row!=0){
                msg="恭喜您,商品添加成功!!!";
            }else{
                msg="对不起,商品添加失败!!!";
            }
            request.setAttribute("msg",msg);
            request.getRequestDispatcher("/error.jsp").forward(request, response);
    }


    /**
     * 按照指定的格式获取系统时间
     * @return 时间字符串
     */
    private String getTime(){
        SimpleDateFormat sdf=new SimpleDateFormat("yyyyMMddHHmmssS");
        String nowTime=sdf.format(new Date());
        return nowTime;
        }

}
```

代码详解：

AddGoods 继承自 HttpServlet 类，实现了 doGet 和 doPost 两个方法。@WebServlet(description="添加商品",urlPatterns={ "/AddGoods" })表示该 Servlet 的访问路径是 /AddGoods。

在 doPost 方法中实现了业务逻辑的控制。先通过 request 获取各个属性的值，并通过 getId 方法为该商品指定了一个 ID；然后通过 Goods goods=new Goods()，利用无参的构造方法实例化了一个 Goods 对象；通过 setter 方法对各属性赋值。用 int row=dao.addGoods(goods)判断商品是否添加成功，并通过 request.setAttribute("msg",msg)将信息传递到下一页面。

代码中实现了图片的上传功能。由于通过 Request 的方法无法获取表单数据，因此这里通过 FileItem 的 getString 方法获取表单数据。由于获取的是二进制数据，所以需要通过 new String(item.getString().getBytes("ISO-8859-1"), "UTF-8")的方式转换为 UTF-8 的格式。

用户上传的图片在程序中全部统一命名，即通过当前时间命名文件之后上传到服务器。

7.6 商品翻页实现过程

翻页设计的效果如图 7-9 所示。

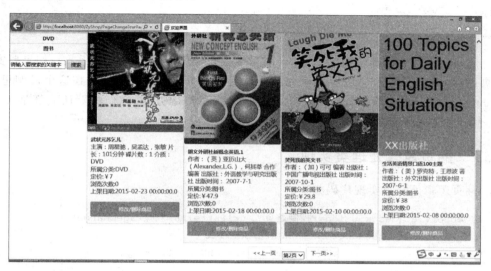

图 7-9　商品翻页

7.6.1 翻页模型

代码如下：

```
public class Pages {
    private int curPage=1;
    private String sql;
    private int totalPage=1;
    public int getCurPage(){
        return curPage;
    }
    public void setCurPage(int curPage){
        this.curPage=curPage;
    }
    public String getSql(){
        return sql;
    }
    public void setSql(String sql){
        this.sql=sql;
    }
    public int getTotalPage(){
        return totalPage;
```

```
            }
            public void setTotalPage(int totalPage){
                this.totalPage=totalPage;
            }

        }
```

代码详解:

这是一个没有构造函数的 JavaBean,系统会自动创建无参的构造函数。如果要实现翻页,就必须知道共有多少页、当前是第几页及当前页面显示的内容。在这个模型里面,用 curPage 表示当前页,totalPage 表示总页数;为了使用方便,它们的默认值都是 1。用 sql 表示当前页面的内容。

7.6.2 翻页逻辑处理类实现

翻页逻辑处理类实现代码如下:

```
@WebServlet(description="控制翻页", urlPatterns={ "/PageChange" })
public class PageChange extends HttpServlet {
    private static final long serialVersionUID=1L;


    protected void doGet (HttpServletRequest request, HttpServletResponse
response)throws ServletException, IOException {
        doPost(request, response);
    }

    protected void doPost (HttpServletRequest request, HttpServletResponse
response)throws ServletException, IOException {
        HttpSession session=request.getSession();
        Pages pages=(Pages)session.getAttribute("pages");
        if(pages==null)
        {
            pages=new Pages();
        }
//得到请求的页面
        String curPage=request.getParameter("curPage");
        if(curPage!=null)
        {                                              //用户单击上、下一页按钮时
            int page=Integer.parseInt(curPage.trim());
            //记住当前页
            pages.setCurPage(page);
        }
        else
```

```
            {                                    //用户单击下拉列表框时
                String selPage=request.getParameter("selPage").trim();
                int page=Integer.parseInt(selPage);
                pages.setCurPage(page);
            }
            String sql=pages.getSql();
            //得到换页后页面的内容
            List<String[]> vgoods=DBUtil.getPageContent(pages.getCurPage(),sql);
            request.setAttribute("vgoods", vgoods);
            session.setAttribute("pages", pages);

            //forward 到修改的主页面
            String url="/jsp/admin/adminindex.jsp";
            ServletContext sc=getServletContext();
            RequestDispatcher rd=sc.getRequestDispatcher(url);
            rd.forward(request,response);
        }

}
```

代码详解：

分页的逻辑处理类 PageChange 同样是一个 Servlet。doPost 方法首先通过 request.getSession 获取当前的会话，通过 session 对象获取分页的实例。如果 pages 为空，则重新实例化一个。request.getParameter("curPage")获取当前是第几页。如果 curPage 不为空，则表示通过单击"上一页、下一页"的方式进行翻页。由于获取的是 String 对象，因此必须通过 Integer.parseInt(curPage.trim())转换为 Integer 对象，转换之后通过 pages.setCurPage(page)保存当前页；如果 curPage 为空，则表示通过下拉列表框的方式进行翻页。

7.7 商品修改及删除实现过程

7.7.1 JSP 文件实现

商品修改及删除的页面设计效果如图 7-10 所示。
代码如下：

```
<%@page contentType="text/html;charset=utf-8"%>
<%@taglib uri="http://java.sun.com/jsp/jstl/core" prefix="c"%>
<link rel="stylesheet" href="${pageContext.request.contextPath}/css/pintuer.css">
<link rel="stylesheet" href="${pageContext.request.contextPath}/css/jc.css">
<script type="text/javascript" src="../../script/trim.js"></script>
```

```javascript
<script type="text/javascript">
function modifyGoods()
    {
        document.myform.action.value="modify";
if(document.myform.gname.value.trim()=="")
        {
    alert("商品名称不能为空!!!");
    return;
        }
if(document.myform.gprice.value.trim()=="")
        {
    alert("商品价格不能为空!!!");
    return;
        }
if(isNaN(document.myform.gprice.value * 1))
        {
    alert("商品价格只能是数字!!!");
    return;
        }
if(document.myform.gamount.value.trim()=="")
        {
    alert("商品数量不能为空!!!");
    return;
        }
if(isNaN(document.myform.gamount.value * 1))
        {
    alert("商品数量只能是数字!!!");
    return;
        }
if(document.myform.gdate.value.trim()=="")
        {
    alert("日期不能为空!!!");
    return;
        }
var reg=/^\d{4}-(0[1-9]|1[0-2])-([0-2][1-9]|3[0-1])$/;
if(!reg.test(document.myform.gdate.value.trim()))
        {
    alert("日期格式不对,只能为 yyyy-mm-dd");
    return;
        }
if(document.myform.gintro.value.trim()=="")
        {
    alert("商品说明不能为空!!!");
    return;
```

```
            }
    if(document.myform.gbrief.value.trim()=="")
            {
        alert("商品简介不能为空!!!");
        return;
            }
            document.myform.submit();
        }
    function deleteGoods()
            {
            document.myform.action.value="delete";
            document.myform.submit();
            }
</script>

    <div class="layout">
        <div
            class="line padding-big-top padding-big-bottom navbar bg-blue bg-
            inverse ">
            <div class="x2">
                <button class="button icon-navicon float-right" data-target=
                "# header-demo3"></button>
                <img src="${pageContext.request.contextPath}/img/jclogo(2).
                png" width="150" class="padding" height="50"/>
            </div>
            <%@ include file="../admin/admintop.jsp"%>
        </div>
    </div>
<table width="100%" cellpadding="0" cellspacing="0">
<c:forEach var="goods" items="${vgoods}">
<tr>
<td align="center">
<form action="./GoodsModify" method="post" name="myform">
<table>
<tr>
<td>商品名称:</td>
<td><input name="gname" size="30" value="${goods[1]}"/></td>
</tr>
<tr>
<td>商品价格:</td>
<td><input name="gprice" size="30" value="${goods[2]}"/></td>
</tr>
<tr>
<td>商品数量:</td>
```

```html
<td><input name="gamount" size="30" value="${goods[3]}"/></td>
</tr>
<tr>
<td>商品类别:</td>
<td><input name="gclass" size="30" value="${goods[4]}"/></td>
</tr>
<tr>
<td>上架日期:</td>
<td><input name="gdate" size="30" value="${goods[5]}"/></td>
</tr>
<tr>
<td>图片URL:</td>
<td><input name="gurl" size="30" value="${goods[6]}"/></td>
</tr>
<tr>
<td>商品说明:</td>
</tr>
<tr>
<td colspan="2">
<textarea cols="60" rows="6" name="gintro">${goods[7]}</textarea>
</td>
</tr>
<tr>
<td>商品简介:</td>
</tr>
<tr>
<td colspan="2">
<textarea cols="60" rows="6" name="gbrief">${goods[8]}</textarea>
</td>
</tr>
</c:forEach>
<tr align="center">
<td colspan="2">
<input type="hidden" name="gid" value="${goods[0]}"/>
<input type="hidden" name="action" value=""/>
<input type="button" value="修改" onclick="modifyGoods()"/>
<input type="button" value="删除" onclick="deleteGoods()"/>
<input type="button" value="返回" onclick="javascript:history.back()"/>
</td>
</tr>

</table>
</form>
</td>
```

```
    </tr>
</table>
```

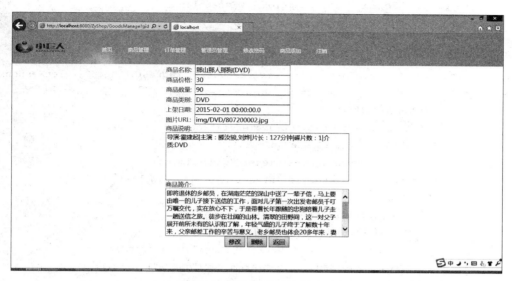

图 7-10　商品修改及删除

代码详解：

该 JSP 程序为了减少页面中存在的大量脚本，使用了 JSTL 和 EL。使用标签时，一定要在 JSP 文件头加入以下代码：

`<%@taglib uri="http://java.sun.com/jsp/jstl/core" prefix="c" %>`。

＜c:forEach＞标签的作用就是迭代输出标签内部的内容。它既可以进行固定次数的迭代输出，也可以依据集合中对象的个数来决定迭代的次数。这里通过与 EL 结合使用来获取 vgoods 对象的内容。

这里用了两个隐藏字段：

```
<input type="hidden" name="gid" value="${goods[0]}"/>
<input type="hidden" name="action" value=""/>
```

隐藏字段对于用户是不可见的。隐藏字段通常会存储一个默认值，其值可以由 JavaScript 进行修改。gid 用来传递商品的 ID；action 用来告诉系统应该执行什么的操作，这个值在 JavaScript 的 deleteGoods 函数中被改变。

7.7.2　Servlet 类实现

Servlet 类实现的代码如下：

```
@WebServlet(description="商品修改", urlPatterns={ "/GoodsModify" })
public class GoodsModify extends HttpServlet {
    private static final long serialVersionUID=1L;
```

```java
protected void doGet (HttpServletRequest request, HttpServletResponse
response)throws ServletException, IOException {
    doPost(request, response);
}

protected void doPost (HttpServletRequest request, HttpServletResponse
response)throws ServletException, IOException {
    //拿到请求的动作
    String action=request.getParameter("action").trim();
    IGoodsDao dao=new IGoodsDaoImpl();
    String gid=request.getParameter("gid").trim();
    Goods goods=dao.findById(Integer.parseInt(gid));
    //修改商品
    if(!action.equals("delete")){
        //接收修改后商品的各个属性值
        //String gid=request.getParameter("gid").trim();
        String gname=request.getParameter("gname").trim();
        String gprice=request.getParameter("gprice").trim();
        String gamount=request.getParameter("gamount").trim();
        String gclass=request.getParameter("gclass").trim();
        String gdate=request.getParameter("gdate").trim();
        String gurl=request.getParameter("gurl").trim();
        String gintro=request.getParameter("gintro").trim();
        String gbrief=request.getParameter("gbrief").trim();

        goods.setGname(gname);
        goods.setGprice(Double.parseDouble(gprice));
        goods.setGamount(Integer.parseInt(gamount));
        goods.setGclass(gclass);
        goods.setGdate(gdate);
        goods.setGimgurl(gurl);
        goods.setGintro(gintro);
        goods.setGbrief(gbrief);
    }else{                                                  //删除商品
        //当删除商品时,只将该商品数量置为0
        goods.setGamount(0);
    }

    int i=dao.updateGoods(goods);
    String msg="";
    if(i==1){
        msg="恭喜您,商品修改成功!!!";
    } else {
```

```
            msg="对不起,商品修改失败!!!";
        }
        request.setAttribute("msg", msg);
        request.getRequestDispatcher("/error.jsp").forward(request, response);
    }

}
```

代码详解：

在 doPost 方法中,通过 request.getParameter("action").trim()获取<input type="hidden" name="action" value=""/>中定义的动作。如果不是 delete 动作,则进行修改。要修改商品,首先要获取商品的实例。通过 dao.findById(Integer.parseInt(gid))获取要修改的商品的实例。gid 由<input type="hidden" name="gid" value="${goods[0]}"/>这个隐藏字段取得。

这里的删除不是真正把数据从数据库删除,而是将商品的数量置为 0,这样就避免了将来有商品之后再重新添加的问题。

7.8 商品列表实现过程

商品列表的设计效果如图 7-11 所示。
商品列表主要供管理员管理商品,代码如下:

```
<%@page contentType="text/html;charset=utf-8"%>
<%@page import="java.util.List"%>
<%@page import="com.cdzhiyong.domain.Pages,com.cdzhiyong.util.DBUtil"%>
<%@taglib uri="http://java.sun.com/jsp/jstl/core" prefix="c"%>
<%@taglib prefix="fn" uri="http://java.sun.com/jsp/jstl/functions"%>
<link rel="stylesheet" href="${pageContext.request.contextPath}/css/pintuer.css">
<link rel="stylesheet" href="${pageContext.request.contextPath}/css/jc.css">
<%
    List<String[]> vgoods=(List<String[]>)request.getAttribute("vgoods");

    if(vgoods==null)
    {
        Pages pages=new Pages();
        pages.setCurPage(1);
        String gsql="select Gimgurl,Gname,Gintro,Gclass,"+
            "Gprice,Glook,Gid,Gdate from GoodsInfo";
int totalpage=DBUtil.getTotalPages("select count(*) from GoodsInfo");
        pages.setTotalPage(totalpage);
        pages.setSql(gsql);
```

```
            vgoods=DBUtil.getPageContent(1,gsql);
            request.setAttribute("vgoods", vgoods);
            session.setAttribute("pages", pages);
        }
    %>

<c:forEach var="goods" items="${vgoods}">
<div class="x3">
    <div class="media padding-bottom clearfix border bg-back">
        <img width="100%" src="${pageContext.request.contextPath}/${goods[0]}"class="radius img-responsive" alt="...">
        <div class="media-body padding">
            <strong>${goods[1]}</strong>
            <h4>${fn:replace(goods[2], '|', ' ')}</h4>
            <h4>所属分类:${goods[3]}</h4>
            <h4>定价:¥${goods[4]}</h4>
            <h4>浏览次数:${goods[5]}</h4>
            <h4>上架日期:${goods[7]}</h4>

            <div class="btn_div">

            <a href="${pageContext.request.contextPath}/GoodsManage?gid=${goods[6]}"><button class="button bg-sub padding float-right margin-big-top button-block">修改/删除商品</button></a>
            </div>
        </div>
    </div>
</div>
</c:forEach>

<!--分页-->
<c:set var="curPage" value="${pages.curPage}"/>
<c:set var="totalPage" value="${pages.totalPage}"/>
<div class="x7 float-right">
    <ul class="pagination">
    <c:if test="${curPage>1}">
    <li><a href="${pageContext.request.contextPath}/PageChange?curPage=${curPage-1}">&lt;&lt;上一页</a></li>
    </c:if>
    </ul>
    <ul class="pagination pagination-group">
    <select onchange="this.form.submit()" name="selPage">
    <c:forEach var="i" begin="1" end="${totalPage}" step="1">
```

```
<c:set var="flag" value=""/><!--如果此处不设置为空值,则 select 永远在选中最
后一项,页码不会跟着变化 -->
<c:if test="${i==curPage}">
<c:set var="flag" value="selected"/>
</c:if>
<option value="${i}"${flag}>第${i}页</option>
</c:forEach>
</select>
</ul>
<ul class="pagination">
    <c:if test="${curPage<totalPage}">

    <li><a href="${pageContext.request.contextPath}/PageChange?curPage=
    ${curPage+1}">下一页>></a></li>
</c:if>
</ul>
</div>
```

图 7-11　商品列表

代码详解：

<%@ taglib prefix="fn" uri="http://java.sun.com/jsp/jstl/functions" %>表示要使用 EL 的函数。这里首先获取 vgoods 的值。这个值是 List 类型,表示当前页面中的商品数据。如果值为空,则表示是第一页数据,需要进行赋值。

```
<c:set var="curPage" value="${pages.curPage}"/>
<c:set var="totalPage" value="${pages.totalPage}"/>
```

使用 JSTL 定义当前页 curPage 和总页数 totalPage,以供翻页使用。

${pageContext.request.contextPath}表示通过内置对象获取当前的路径。

${fn:replace(goods[2], '|', ' ')}表示调用 EL 的函数将"|"替换为""。

7.9 本章知识点

（1）JSTL：实现大量服务器端 Java 应用程序常用的基本功能。通过为典型表示层任务（如数据格式化和迭代或条件内容）提供标准实现，JSTL 可使 JSP 开发人员专注于特定应用程序的开发。

（2）EL：使用 EL 可以将业务逻辑和表现逻辑分离，提高效率。

（3）JavaBean：一个 JavaBean 由 3 部分组成。

① 属性（properties）

JavaBean 提供了高层次的属性。属性在 JavaBean 中不只是传统的面向对象的概念里的属性，它同时还得到了属性读取和属性写入的 API 的支持。属性值可以通过调用适当的 Bean 方法进行。比如，可能 Bean 有一个名字属性，这个属性的值可能需要调用 String getName()方法读取，而写入属性值可能需要调用 void setName(String str)的方法。

每个 JavaBean 属性通常都应该遵循简单的方法命名规则，这样应用程序构造工具和最终用户才能找到 JavaBean 提供的属性，查询或修改属性值，对 Bean 进行操作。JavaBean 还可以对属性值的改变作出及时的反应。比如一个显示当前时间的 JavaBean，如果改变时钟的时区属性，则时钟会立即重画，显示当前指定时区的时间。

② 方法（method）

JavaBean 中的方法就是通常的 Java 方法，它可以从其他组件或在脚本环境中调用。默认情况下，所有 Bean 的公有方法都可以被外部调用，但 Bean 一般只会引出其公有方法的一个子集。

由于 JavaBean 本身是 Java 对象，调用这个对象的方法是与其交互作用的唯一途径。JavaBean 严格遵守面向对象的类设计逻辑，不让外部世界访问其任何字段（没有 public 字段）。这样，方法调用是接触 Bean 的唯一途径。

但是和普通类不同的是，对有些 Bean 来说，采用调用实例方法的低级机制并不是操作和使用 Bean 的主要途径。公开 Bean 方法在 Bean 操作中降为辅助地位，因为两个高级的 Bean 特性——属性和事件是与 Bean 交互作用的更好方式。

Bean 可以提供让客户使用的公有方法，但应当认识到，Bean 的设计人员希望看到绝大部分 Bean 的功能反映在属性和事件中，而不是在人工调用和各个方法中。

③ 事件（event）

Bean 与其他软件组件交流信息的主要方式是发送和接收事件。可以将 Bean 的事件支持功能看作是集成电路中的输入输出引脚：工程师将引脚连接在一起组成系统，让组件进行通信。有些引脚用于输入，有些引脚用于输出，相当于事件模型中的发送事件和接收事件。

事件为 JavaBean 组件提供了一种发送通知给其他组件的方法。在 AWT 事件模型中，一个事件源可以注册事件监听器对象。当事件源检测到发生了某种事件时，它将调用事件监听器对象中的一个适当的事件处理方法来处理这个事件。

由此可见,JavaBean 确实也是普通的 Java 对象,只不过它遵循了一些特别的约定而已。

(4) 文件上传下载:Apache 提供的 commons-fileupload jar 包实现文件上传很简单。<form>标签还要设置一个属性 enctype="multipart/form-data",这样提交的文件才能被后台获取。

7.10 本章小结

本章实现了商家对商品管理的基本操作。在程序的开发过程中,采用 JSTL 和 EL 表达式,使整个页面显得非常清晰。通过本章的学习,读者可以掌握 JSTL 和 EL 的基本使用方法,对 JavaBean 有一个清晰的认识,从而为开发 Web 系统奠定了基础。

7.11 练 习

(1) 完成团购网站团购商品管理的数据操作接口定义和实现。

(2) 使用 JSTL 和 EL 完成团购商品的数据展示工作。

(3) 实现团购商品的翻页功能,要具有上一页、下一页的链接,能够根据输入的页码直接跳转到相应的页。

(4) 完成团购商品的添加功能,添加成功后可以接着添加下一件商品。如果添加失败,则提示失败的原因并停留在该页面继续添加。

(5) 完成团购商品的修改功能。

(6) 完成团购商品的删除功能。

第 8 章

商品搜索模块设计与开发

本章学习目标

通过本章学习,读者应该可以:
- 了解 MVC 设计模式的基本概念。
- 掌握 MVC 设计模式在 JSP 开发中的应用。
- 掌握字符串转码的方法。
- 掌握搜索的实现原理。

8.1 商品搜索模块概述

面对众多的商品,商品搜索是购物商城的一个重要功能。通过搜索功能,消费者很容易找到自己所需要的商品,从而方便消费者购物。

8.2 基础知识

8.2.1 MVC 设计模式

用户界面,特别是图形用户界面,承担着向用户显示问题模型和与用户进行操作和 I/O 交互的作用。用户希望保持交互操作界面的相对稳定,但更希望根据需要改变和调整显示的内容和形式。例如,要求支持不同的界面标准或得到不同的显示效果,适应不同的操作需求。这就要求界面结构能够在不改变软件功能和模型的情况下,支持用户对界面构成的调整。

要做到这一点,从界面构成的角度看,困难在于:在满足对界面要求的同时,如何使软件的计算模型独立于界面的构成。模型-视图-控制器(Model-View-Controller,MVC)就是这样一种交互界面的结构组织模型,即把应用的输入、处理、输出流程按照模型、视图、控制器的方式进行分离。这样的一个应用被分成三层:模型层、视图层、控制器层,如图 8-1 所示。

(1) 模型：包含了应用问题的核心数据、逻辑关系和计算功能。它封装了所需的数据，提供了完成问题的操作过程。控制器依据 I/O 的需要调用这些操作过程。模型还为视图获取显示数据提供了访问其数据的操作。这种变化-传播机制体现在各个相互依赖的部件之间的注册关系上。模型数据和状态的变化会激发这种变化-传播机制，它是模型、视图和控制器之间联系的纽带。

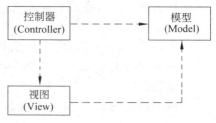

图 8-1　MVC 分层模型

(2) 视图：通过显示的形式，把信息转达给用户。不同视图通过不同的显示，来表达模型的数据和状态信息。每个视图有一个更新操作，它可被变化-传播机制所激活。当调用更新操作时，视图获得来自模型的数据值，并用其更新显示。在初始化时，通过与变化-传播机制的注册关系建立所有视图与模型间的关联。视图与控制器之间保持一对一的关系，每个视图创建一个相应的控制器。视图提供给控制器处理显示的操作。因此，控制器可以获得主动激发界面更新的能力。

(3) 控制器：通过时间触发的方式，接受用户的输入。控制器如何获得事件依赖于界面的运行平台。控制器通过事件处理过程对输入事件进行处理，并为每个输入事件提供相应的操作服务，把事件转化成对模型或相关视图的激发操作。如果控制器的行为依赖于模型的状态，则控制器应该在变化-传播机制中进行注册，并提供一个更新操作。这样，可以由模型的变化来改变控制器的行为，如禁止某些操作。

MVC 的优点：

(1) 可以为一个模型在运行时同时建立和使用多个视图。变化-传播机制可以确保所有相关的视图及时得到模型数据变化，从而使所有关联的视图和控制器做到行为同步。

(2) 视图与控制器的可接插性。允许更换视图和控制器对象，而且可以根据需求动态地打开或关闭，甚至在运行期间进行对象替换。

(3) 模型的可移植性。因为模型是独立于视图的，所以可以把一个模型独立地移植到新的平台工作。需要做的只是在新平台上对视图和控制器进行新的修改。

MVC 的不足之处：

(1) 增加了系统结构和实现的复杂性。对于简单的界面，严格遵循 MVC 设计模式，将使模型、视图与控制器分离，会增加结构的复杂性，并可能产生过多的更新操作，降低运行效率。

(2) 视图与控制器间的连接过于紧密。视图与控制器是相互分离、联系紧密的部件。视图在没有控制器存在的情况下，其应用是很有限的，反之亦然，这样就妨碍了它们的独立重用。

(3) 视图对模型数据的低效率访问。依据不同的模型操作接口，视图可能需要多次调用才能获得足够的显示数据。对未变化数据的不必要的频繁访问，也将损害操作性能。

MVC 模式在 JSP＋Servlet＋JavaBean 中的体现：

在 JSP 的开发中,各层的任务如下。
- 视图(View):主要负责接收 Servlet 传递的内容,并且调用 JavaBean,将内容显示给用户。
- 控制器(Controller):主要负责所有的用户请求参数,判断请求参数是否合法,根据请求的类型调用 JavaBean 执行操作并将最终的处理结果交由显示层进行显示。
- 模型(Model):完成一个独立的业务操作组件,一般都是以 JavaBean 或者 EJB 的形式进行定义。

JSP 项目中,MVC 设计模式最关键的部分是使用 RequestDispatcher 接口,因为内容都是通过此接口保存到 JSP 页面上显示的,如图 8-2 所示。

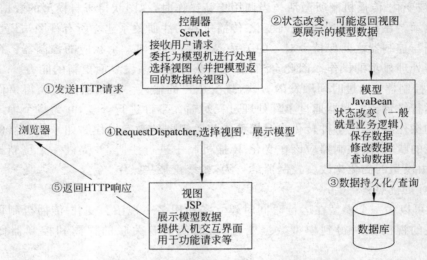

图 8-2 在 JSP+Servlet+JavaBean 中的 MVC 模式

当用户有请求时都会交给 Servlet 进行处理,然后由 Servlet 调用 JavaBean,并将 JavaBean 的操作结果通过 RequestDispatcher 接口传递到 JSP 页面上。由于这些要显示的内容只是在一次请求-回应中有效,所以在 MVC 设计模式中,所有的属性传递都将使用 request 属性范围传递,这样可以提升代码的操作性能。

8.2.2 字符串转码

在 form 表单中一般要加上 method,但是加上了提交的方式之后,会出现如下问题:
如果使用 get 方法提交,在后台获取值的时候必须使用 new String(className.getBytes("ISO8859-1"),"UTF-8")来进行转码才可以不乱码。如果使用 post 方式提交,在后台也不乱码,前提是在 web.xml 中已经配置了编码过滤器,并且在页面中也配置了相应的编码格式。

出现上述的原因是因为 Tomcat 对 get 和 post 两种提交方式的处理方法不一样。自从 Tomcat5.x 开始,对 get 和 post 方法提交的信息,Tomcat 采用了不同的方式来处理编码，对于 post 请求，Tomcat 会仍然使用 request.setCharacterEncoding 方法所设置的编码来处理，如果未设置，则使用默认的 ISO-8859-1 编码。而 get 请求则不同，Tomcat 对于 get 请求并不会考虑使用 request.setCharacterEncoding 方法设置的编码，而会永远使用 ISO-8859-1 编码。

下面是通过 post 方式的提交页面（submit.jsp），代码如下：

```jsp
<%@page contentType="text/html; charset=gb2312"%>
<html>
  <head><title>JSP 的中文处理</title>
    <meta http-equiv="Content-Type" content="text/html; charset=gb2312">
  </head>
<body>
  <form name="form1" method="get" action="process.jsp">
    <div align="center">
      <input type="text" name="name">
      <input type="submit" name="Submit" value="Submit">
  </div>
</form>
</body>
</html>
```

下面是处理页面（process.jsp）的代码：

```jsp
<%@page contentType="text/html; charset=gb2312"%>
<html>
<head>
  <title>JSP 的中文处理</title>
  <meta http-equiv="Content-Type" content="text/html; charset=gb2312">
</head>
<body>
  <%=request.getParameter("name")%>
</body>
</html>
```

如果 submit.jsp 提交的英文字符能正确显示，而提交中文时就会出现乱码的原因是：浏览器默认使用 UTF-8 编码方式发送请求，而 UTF-8 和 GB2312 编码方式表示字符时不一样，这样就出现了不能识别的字符。

解决办法如下：
（1）接受参数时进行编码转换。

```java
String s=new String(request.getParameter("name").getBytes("ISO-8859-1"), "gb2312");
```

修改后的 process.jsp 代码如下：

```jsp
<%@page contentType="text/html; charset=gb2312"%>
```

```
<html>
<head>
  <title>JSP 的中文处理</title>
  <meta http-equiv="Content-Type" content="text/html; charset=gb2312">
</head>
<body>
<%
  String s=new String(request.getParameter("name").getBytes("ISO-8859-1"),
  "gb2312");
  out.print(s);
%>
</body>
</html>
```

如果使用该方法,则每一个参数都必须这样进行转码。这样比较麻烦,还有另外一种处理方法。

(2) 通过 request.seCharacterEncoding("gb2312")对请求进行统一编码,就可以实现。

修改后的 process.jsp 代码如下:

```
<%@page contentType="text/html; charset=gb2312"%>
<%request.seCharacterEncoding("gb2312");%>
<html>
<head>
  <title>JSP 的中文处理</title>
  <meta http-equiv="Content-Type" content="text/html; charset=gb2312">
</head>
<body>
  <%=request.getParameter("name")%>
</body>
</html>
```

(3) 用过滤器的方式实现。

为了避免每页都要写 request.setCharacterEncoding("gb2312"),可以使用过滤器对所有 JSP 进行编码处理。具体写法请参考 6.2.6 节中对过滤器的介绍,本节不再赘述。

8.3 搜索实现过程

8.3.1 搜索页面设计及实现

搜索页面设计相对要简单,方便用户操作。页面上只有一个文本输入框和搜索的按钮,如图 8-3 所示。

搜索页面 adminsearch.jsp 的关键代码如下:

```jsp
<%@page contentType="text/html;charset=utf-8"%>
<link rel="stylesheet" href="${pageContext.request.contextPath}/css/pintuer.css">
<link rel="stylesheet" href="${pageContext.request.contextPath}/css/jc.css">
<script type="text/javascript" src="script/trim.js"></script>
<script type="text/javascript">
function txtclear()
  {
    document.mfsearch.tsearch.value="";
  }
function check()
  {
var key=document.mfsearch.tsearch.value;
if(key.trim()=="")
   {
      alert("关键字不能为空");
return;
   }
    document.mfsearch.submit();
  }
</script>
<form action="${pageContext.request.contextPath}/Search" method="post" name="mfsearch">
<div>
<input name="tsearch" value="请输入要搜索的关键字" onfocus="txtclear()"/>
<input type="button" id="bsearch" name="bsearch" value="搜索" onclick="check()"/>
</div>
</form>
```

这个代码完成以后，要通过＜%@ include file ="adminsearch.jsp" %＞的方式将 adminsearch.jsp 文件嵌入 adminindex.jsp 中，以方便用户操作，同时提供直接按类别查看的链接，设计效果如图 8-4 所示。

图 8-3 搜索页面

图 8-4 嵌入搜索页面

adminindex.jsp 的关键代码如下：

```jsp
<div class="layout">
```

```html
<div class="line">
    <div class="x2 margin-big-top">
        <button class="button icon-navicon" data-target="#nav-main1">
        </button>
        <ul class="nav nav-main nav-navicon text-center" id="nav-main1">
            <li class="nav-head">商品分类</li>
            <%
                String sql="select distinct Gclass from GoodsInfo";
                List<String> vclass=DBUtil.getInfo(sql);
                for(String st : vclass){
            %>
            <li class=" active " > < ahref =" ${ pageContext. request. contextPath}/Search?cname=<%=st %>"><%=st %></a></li>
            <%
                }
            %>
        </ul>
        <br>
        <div class="x12"><%@ include file="/jsp/admin/adminsearch.jsp"%>
        </div>
    </div>
    <div class="x10"><%@ include file="../goods/goodsmanage.jsp"%></div>
</div>
</div>
```

代码详解：

这两个 JSP 文件是 MVC 设计模式中的 View 部分，用来展示模型数据。adminindex.jsp 中实现了分类查看的功能，${pageContext. request. contextPath}/Search? cname=<%=st %>"表示将 cname 参数传递给 Search 这个 Servlet。

8.3.2 搜索功能代码实现

代码如下：

```java
@WebServlet(description="搜索商品", urlPatterns={ "/Search" })
public class Search extends HttpServlet {
    private static final long serialVersionUID=1L;

    protected void doGet (HttpServletRequest request, HttpServletResponse response)throws ServletException, IOException {
        doPost(request, response);
    }
    protected void doPost (HttpServletRequest request, HttpServletResponse response)throws ServletException, IOException {
```

```java
HttpSession session=request.getSession();
//得到javaBean对象
Pages pages= (Pages)session.getAttribute("pages");
if(pages==null)
{
    pages=new Pages();
}
pages.setCurPage(1);

//得到要搜索的信息并转码
String tsearch=request.getParameter("tsearch");
String cname=request.getParameter("cname");

String sql="";
String sqlpage="";
if(cname==null)
{                              //按输入的文字搜索时
//得到搜索信息的sql和信息条数的sql
sql="select Gimgurl,Gname,Gintro,Gclass,Gprice,Glook,Gid,"+"Gdate from GoodsInfo where Gname like '%"+tsearch+"%'";
sqlpage="select count(*) from GoodsInfo "+"where Gname like '%"+tsearch+"%'";
}
else
{                              //按类别搜索时
    cname=new String(cname.trim().getBytes("ISO-8859-1"),"utf-8");

//得到搜索类别信息的sql和信息条数的sql
sql="select Gimgurl,Gname,Gintro,Gclass,Gprice,Glook,Gid,"+"Gdate from GoodsInfo where Gclass='"+cname.trim()+"'";
sqlpage="select count(*) from GoodsInfo "+"where Gclass='"+cname.trim()+"'";
}
pages.setSql(sql);
//设置总页数
int totalpage=DBUtil.getTotalPages(sqlpage);
pages.setTotalPage(totalpage);
session.setAttribute("pages",pages);
//得到第一页的内容
List<String[]>vgoods=DBUtil.getPageContent(1,sql);
String url=null;
if(vgoods.size()==0)
{                              //没有搜索到用户要找的商品
    String msg="对不起,没有搜到你要的商品!!!";
    url="/error.jsp";
```

```
            request.setAttribute("msg",msg);
        }
        else
        {                              //搜索到信息并返回
            request.setAttribute("vgoods",vgoods);
            url="/jsp/admin/adminindex.jsp";
        }
        ServletContext sc=getServletContext();
        RequestDispatcher rd=sc.getRequestDispatcher(url);
        rd.forward(request,response);
    }

}
```

代码详解：

Search.java 是一个 Servlet，在 MVC 中起着控制器的作用。根据搜索到的结果，通过 RequestDispatcher 将模型（Goods.java）传递到 JSP（adminindex.jsp）页面进行展示。

cname=new String(cname.trim().getBytes("ISO-8859-1"),"utf-8")对通过 get 方式的请求参数进行转码，将 ISO-8859-1 编码的字符串转换为和数据库一致的 UTF-8 编码。既然已经通过过滤器对编码进行了过滤，并且每个页面也都有＜％@ page contentType="text/html;charset=utf-8" %＞，为什么还要进行转码呢？其实这个设置只对 post 起作用。get 方法提交时，可以从地址栏里看到提交的参数，这是因为 get 方法是作为报文头提交的，而 charset 这个设置对报文头是没有作用的，仍然按照 ISO-8859-1 编码，所以会出现乱码。而 post 提交的是 form 表单的内容，charset 指定了它的编码，所以会按照指定编码传递。

Search.java 实现了按类别和按关键字两种搜索方式。当 cname 为空时，表示按关键字搜索；当 cname 不为空时，表示按类别进行搜索。

8.4 本章知识点

- 字符串转码：字符串转码可以解决不同的编码集无法显示的问题。
- MVC 设计模式：用于表示一种软件架构模式。它把软件系统分为三个基本部分：模型（Model）、视图（View）和控制器（Controller）。

8.5 本章小结

本章介绍了 MVC 模式及优缺点，通过搜索模块展示了 MVC 设计模式的应用。通过对本章的学习，读者可以掌握 MVC 的设计模式。在 Web 应用的整个开发过程中，一般要严格按照 MVC 模式进行开发，并将对所有数据库中表的操作尽可能封装起来，实现代码的重用。

8.6 练 习

按照 MVC 模式完成团购商品搜索功能的实现,使其具有按关键字、商品类别搜索的功能。

第 9 章

购物车模块设计与开发

本章学习目标

通过本章学习，读者应该可以：
- 掌握购物车的基本原理。
- 使用 Map 进行数据存储。
- 使用 session 进行对象存储。

9.1 购物车模块概述

在商场或超市中，人们购买很多东西时，往往要将购买的商品放入在商场为购物者准备的一种特殊的车子里，这种车子就叫购物车。随着网络的发展，网上购物已经成为一种潮流。那么如何才能保证用户在网上购物时，也能像在现实中一样将购买的商品"随身携带"？在网上商城应用中，也要包含一个购物车模块，这个购物车就是一辆虚拟的超市购物车。用户可以通过购物车模块实现和现实购物车完全相同的功能，其中包括：将商品添加至购物车，查看购物车，修改购物车中的商品数量，在购物车中移除指定的商品，结账等。

购物车的业务流程如图 9-1 所示。

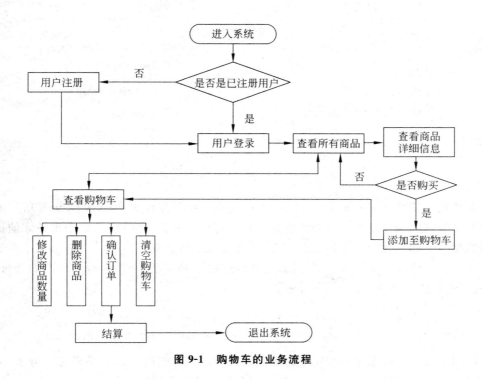

图 9-1 购物车的业务流程

9.2 事务处理

对数据库进行多次操作时,每一次执行都是一个事务。如果数据库操作在某一步没有执行或出现异常而导致事务失败,那么有的事务被执行,有的事务就没有被执行,从而就有了事务的撤销,以便取消先前的操作。

Java 中使用事务处理时,首先要求数据库支持事务。如使用 MySQL 的事务处理功能,则要求 MySQL 的表类型为 Innodb,否则在 Java 程序中的提交或撤销在数据库中根本不能生效。

使用 JDBC 方式进行事务处理的代码如下:

```java
public int delete(int sID){
    dbc=new DataBaseConnection();
    Connection con=dbc.getConnection();
    try {
        con.setAutoCommit(false);                 //更改 JDBC 事务的默认提交方式
        dbc.executeUpdate("delete from xiao where ID="+sID);
        dbc.executeUpdate("delete from xiao_content where ID="+sID);
        dbc.executeUpdate("delete from xiao_affix where bylawid="+sID);
        con.commit();                             //提交 JDBC 事务
        con.setAutoCommit(true);                  //恢复 JDBC 事务的默认提交方式
```

```
            dbc.close();
            return 1;
        }
        catch(Exception exc){
            con.rollBack();                              //回滚 JDBC 事务
            exc.printStackTrace();
            dbc.close();
            return -1;
        }
    }
```

在数据库操作中，一项事务是指由一条或多条对数据库更新的 SQL 语句所组成的一个不可分割的工作单元。只有当事务中的所有操作都正常完成了，整个事务才能被提交到数据库。如果有一项操作没有完成，就必须撤销整个事务。

例如在银行的转账事务中，假定张三从自己的账号上把 1000 元转到李四的账号上，相关的 SQL 语句如下：

```
update account set monery=monery-1000 where name='zhangsan'
update account set monery=monery+1000 where name='lisi'
```

这两条语句必须作为一个完整的事务来处理。只有当两条语句都成功执行了，才能提交这个事务。如果有一句语句失败了，整个事务就必须撤销。

在 connection 类中提供了 3 个控制事务的方法：

（1）setAutoCommit(Boolean autoCommit)：设置是否自动提交事务。

（2）commit()：提交事务。

（3）rollback()：撤销事务。

在 JDBC API 中，默认的情况为自动提交事务。也就是说，每一条对数据库更新的 SQL 语句代表一项事务。操作成功后，系统自动调用 commit() 提交，否则将调用 rollback() 撤销事务。

在 JDBC API 中，可以通过调用 setAutoCommit(false) 禁止自动提交事务，然后就可以把多条更新数据库的 SQL 语句作为一个事务。在所有操作完成之后，调用 commit() 进行整体提交。倘若其中一项 SQL 操作失败，就不会执行 commit() 方法，而是产生相应的异常。此时可以在捕获异常代码块中调用 rollback() 方法撤销事务。

事务处理是企业应用需要解决的最主要的问题之一。J2EE 通过 JTA 提供了完整的事务管理功能，包括多个事务性资源的管理功能。由于大部分应用都运行在单一的事务性资源之上（一个数据库），不需要全局性的事务服务，因此本地事务服务已经足够了（比如 JDBC 事务管理）。

1. 事务的特性

事务具有原子性（Atomicity）、一致性（Consistency）、隔离性（Isolation）和持久性（Durability）4 个特性，英文缩写为 ACID。

（1）原子性：整个事务是不可分割的工作单元。只有事务中的所有操作执行成功，整个事务才算成功。如果事务中任何一个 SQL 语句执行失败，那么已经执行成功的 SQL 语句也必须撤销，数据库状态应该回到执行事务前的状态。

（2）一致性：数据库事务不能破坏关系数据的完整性以及业务逻辑上的一致性。例如对于银行转账事务，不管事务成功还是失败，都应该保证事务结束后两个转账账户的存款总额与转账前一致。

（3）隔离性：在并发环境中，当不同的事务同时操纵相同的数据时，每个事务都有各自的完整数据空间。

（4）持久性：只要事务成功结束，它对数据库所做的更新就必须永久保存下来。即使系统崩溃，重新启动数据库系统后，数据库也能恢复到事务成功结束时的状态。

2. JDBC 对事务的支持

JDBC 对事务的支持体现在以下方面。

1) 自动提交模式

Connection 提供了 auto-commit 属性来指定事务何时结束。

（1）当 auto-commit 为 true 时，每个独立 SQL 操作执行完毕后，事务立即自动提交。也就是说每个 SQL 操作都是一个事务。

一个独立 SQL 操作什么时候视为执行完毕，JDBC 规范是这样规定的：

对数据操作语言（DML，如 insert，update，delete）和数据定义语言（如 create，drop），语句一执行完就视为执行完毕。

对 select 语句，当与它关联的 ResultSet 对象关闭时，视为执行完毕。

对存储过程或其他返回多个结果的语句，当与它关联的所有 ResultSet 对象全部关闭，所有 update count（update，delete 等语句操作影响的行数）和 output parameter（存储过程的输出参数）都已经获取之后，视为执行完毕。

（2）当 auto-commit 为 false 时，每个事务都必须显式调用 commit 方法提交，或者显式调用 rollback 方法撤销。auto-commit 默认为 true。

2) 事务隔离级别

JDBC 定义了 5 种事务隔离级别：

（1）TRANSACTION_NONE JDBC 驱动不支持事务。

（2）TRANSACTION_READ_UNCOMMITTED 允许脏读、不可重复读和幻读。

（3）TRANSACTION_READ_COMMITTED 禁止脏读，但允许不可重复读和幻读。

（4）TRANSACTION_REPEATABLE_READ 禁止脏读和不可重复读，单运行幻读。

（5）TRANSACTION_SERIALIZABLE 禁止脏读、不可重复读和幻读。

9.3 订单货物模型实现

订单货物模型实现代码如下：

```
package com.cdzhiyong.domain;
```

```java
public class OrderGoods {
    private int ogid;                        //订单货物 ID
    private int oid;                         //订单 ID
    private int uid;                         //用户 ID
    private int gid;                         //货物 ID
    private int amount;                      //货物总量
    private double totalPrice;               //货物总价

    public OrderGoods(){
    }

    public OrderGoods(int ogid, int oid, int uid, int gid, int amount,
            double totalPrice){
        super();
        this.ogid=ogid;
        this.oid=oid;
        this.uid=uid;
        this.gid=gid;
        this.amount=amount;
        this.totalPrice=totalPrice;
    }

    public int getOgid(){
        return ogid;
    }

    public void setOgid(int ogid){
        this.ogid=ogid;
    }

    public int getOid(){
        returnoid;
    }

    public void setOid(int oid){
        this.oid=oid;
    }

    public int getUid(){
        return uid;
    }

    public void setUid(int uid){
        this.uid=uid;
```

```java
    }

    public int getGid(){
        return gid;
    }

    public void setGid(int gid){
        this.gid=gid;
    }

    public int getAmount(){
        return amount;
    }

    public void setAmount(int amount){
        this.amount=amount;
    }

    public double getTotalPrice(){
        return totalPrice;
    }

    public void setTotalPrice(double totalPrice){
        this.totalPrice=totalPrice;
    }

}
```

9.4 订单模型实现

订单模型实现代码如下:

```java
package com.cdzhiyong.domain;

/**
 * 订单
 * @authorlishipu
 *
 */
public class Order {
    private int oid;                    //订单 ID
    private String odate;               //订单日期
```

```java
        private int aid;                                    //管理员 ID
        private String ostate;                              //订单状态
        private String oreceivername;                       //接收人姓名
        private String address;                             //收件人地址
        private String tel;                                 //收件人电话
        private int uid;                                    //订单人 ID
        private double totalPrice;                          //订单总价

        public Order(){
        }

        public Order(int oid, String odate, int aid, String ostate,
                String oreceivername, String address, String tel, int uid,
                double totalPrice){
            this.oid=oid;
            this.odate=odate;
            this.aid=aid;
            this.ostate=ostate;
            this.oreceivername=oreceivername;
            this.address=address;
            this.tel=tel;
            this.uid=uid;
            this.totalPrice=totalPrice;
        }
        public int getOid(){
            return oid;
        }
        public void setOid(int oid){
            this.oid=oid;
        }
        public String getOdate(){
            return odate;
        }
        public void setOdate(String odate){
            this.odate=odate;
        }
        public int getAid(){
            returnaid;
        }
        public void setAid(int aid){
            this.aid=aid;
        }
        public String getOstate(){
            return ostate;
```

```java
    }
    public void setOstate(String ostate){
        this.ostate=ostate;
    }
    public String getOreceivername(){
        return oreceivername;
    }
    public void setOreceivername(String oreceivername){
        this.oreceivername=oreceivername;
    }
    public String getAddress(){
        return address;
    }
    public void setAddress(String address){
        this.address=address;
    }
    public String getTel(){
        return tel;
    }
    public void setTel(String tel){
        this.tel=tel;
    }
    public int getUid(){
        return uid;
    }
    public void setUid(intuid){
        this.uid=uid;
    }
    public double getTotalPrice(){
        return totalPrice;
    }
    public void setTotalPrice(double totalPrice){
        this.totalPrice=totalPrice;
    }
}
```

9.5 数据操作层实现

9.5.1 订单数据操作接口定义

订单数据操作接口定义代码如下:

```java
package com.cdzhiyong.dao;

import com.cdzhiyong.domain.Order;

public interface IOrderDao {

    /**
     * 保存订单
     * @param order
     * @return 数据库执行影响的行数,如果为 0,则代表添加不成功
     */
    public int addOrder(Order order);

    /**
     * 为将要添加的订单生成一个 ID
     * @return 要添加的订单的 ID
     */
    public int getId();

    /**
     * 通过 Goods id 删除订单
     * @param id
     * @return
     */
    public boolean deleteByOid(int id);

    /**
     * 通过订单 ID 更新订单中的操作员 ID
     * @param aid 需要更新的管理员的 ID
     * @param oid 订单 ID
     * @return 更新执行的条数
     */
    public int updateAidByOid(int aid, int oid);
}
```

这个接口定义了订单处理的数据操作接口。

9.5.2 订单货物操作接口定义

订单货物操作接口定义代码如下:

```java
package com.cdzhiyong.dao;

import java.util.List;
```

```java
import com.cdzhiyong.domain.OrderGoods;

public interface IOrderGoodsDao {

    /**
     * 为要添加的订单货物生成一个ID
     * @return id
     */
    public int getId();

    /**
     * 批量添加订单货物
     * @param list 需要批量添加的订单货物
     * @return 是否添加成功
     */
    public boolean addOrderGoodsbatchyBatch(List<OrderGoods> list);

    /**
     * 通过ID进行删除
     * @param id
     * @return
     */
    public int deleteById(int id);
}
```

这个接口定义了订单货物处理的数据操作接口。

9.5.3 订单数据操作接口实现

订单数据操作接口实现代码如下：

```java
public class IOrderDaoImpl implements IOrderDao {

    @Override
    public int addOrder(Order order){
        int row=0;
        int oid=order.getOid();
        String oreceivername=order.getOreceivername();
        String address=order.getAddress();
        String tel=order.getTel();
        int uid=order.getUid();
        double oprice=order.getTotalPrice();

        String sql="insert into OrderInfo(Oid,Odate,Ostate,Orecname,"+
                "Orecadr,Orectel,Uid,Ototalprice) values ("+oid+
```

```java
                    ",now(),'未发货','"+oreceivername+"','"+address+"','"+
                    tel+"',"+uid+","+oprice+")";

        DBUtil db=new DBUtil();
        Connection conn=db.getConnection();

        try {
            Statement st=conn.createStatement();
            row=st.executeUpdate(sql);
            db.closeAll(conn, st, null);
        } catch(SQLException e){
            e.printStackTrace();
        }

        return row;
    }

    @Override
    public int getId(){
        int id=0;
        DBUtil db=new DBUtil();
        Connection conn=db.getConnection();
        Statement stmt=null;
        ResultSet rs=null;
        String sql="select Max(Oid) from orderinfo";
        try {
            stmt=conn.createStatement();
            rs=stmt.executeQuery(sql);
            if(rs.next()){
                id=rs.getInt(1);
            }
            db.closeAll(conn, stmt, rs);
        } catch(SQLException e){
            e.printStackTrace();
        }
        id++;
        return id;
    }

    @Override
    public boolean deleteByOid(int id){
        boolean flag=true;
        //删除订单信息的同时也需要删除订单货物信息
        String deleteOrder="delete from OrderInfo where Oid="+id;
```

```java
        String deleteOrderGoods="delete from OrderGoods where Oid="+id;
        DBUtil db=new DBUtil();
        Connection conn=db.getConnection();
        Statement st=null;
        try {
            conn.setAutoCommit(false);            //禁止自动提交
            st=conn.createStatement();
            st.addBatch(deleteOrder);
            st.addBatch(deleteOrderGoods);
            st.executeBatch();
            conn.commit();
            conn.setAutoCommit(true);             //恢复自动提交模式
        } catch(SQLException e){
            flag=false;
            try {
                conn.rollback();
            } catch(SQLException e1){
                e1.printStackTrace();
            }
        }finally{
            db.closeAll(conn, st, null);
        }
        return flag;
    }

    @Override
    public int updateAidByOid(int aid, int oid){
        String sql="update OrderInfo set Aid="+aid+",Ostate='已发货' where Oid="+oid;
        DBUtil db=new DBUtil();
        Connection conn=db.getConnection();
        Statement st;
        int row=0;
        try {
            st=conn.createStatement();
            row=st.executeUpdate(sql);
            db.closeAll(conn, st, null);
        } catch(SQLException e){
            e.printStackTrace();
        }

        return row;
    }
```

}

代码详解：

该类实现了 IOrderDao 中定义的方法。deleteByOid 方法中用到了 JDBC 的事务处理。如果需要删除一个订单，那么订单货物中对应的信息也应该删除。由于对应的信息分别在两个不同的表中，需要两条 SQL 语句执行，因此可能会出现订单中的信息删除了，但在删除订单货物中的信息时却出现了问题，导致数据删除失败。为了避免这种情况，这里用事务处理，要么全部删除，要么全部不删除。

要在 JDBC 中使用事务，必须先禁止自动提交模式，事务执行完毕之后再恢复自动提交模式。

9.5.4 订单货物操作接口实现

订单货物操作接口实现代码如下：

```java
package com.cdzhiyong.dao.impl;

import java.sql.Connection;
import java.sql.ResultSet;
import java.sql.SQLException;
import java.sql.Statement;
import java.util.List;

import com.cdzhiyong.dao.IOrderGoodsDao;
import com.cdzhiyong.domain.OrderGoods;
import com.cdzhiyong.util.DBUtil;

public class IOrderGoodsDaoImpl implements IOrderGoodsDao {

    @Override
    public int getId(){
        int id=0;
        DBUtil db=new DBUtil();
        Connection conn=db.getConnection();
        Statement stmt=null;
        ResultSet rs=null;
        String sql="select Max(Ogid) from ordergoods";
        try {
            stmt=conn.createStatement();
            rs=stmt.executeQuery(sql);
            if(rs.next()){
                id=rs.getInt(1);
            }
            db.closeAll(conn, stmt, rs);
```

```java
            } catch(SQLException e){
                e.printStackTrace();
            }
            id++;
            return id;
    }
    
    @Override
    public boolean addOrderGoodsbatchyBatch(List<OrderGoods> list){
        boolean flag=true;
        DBUtil db=new DBUtil();
        Connection conn=db.getConnection();
        Statement st=null;
        try {
            conn.setAutoCommit(false);
            st=conn.createStatement();
            String sql=null;
            for(OrderGoods orderGoods : list){
                int ogid=orderGoods.getOgid();
                int oid=orderGoods.getOid();
                int uid=orderGoods.getUid();
                int gid=orderGoods.getGid();
                int gamount=orderGoods.getAmount();
                double totalprice=orderGoods.getTotalPrice();
                
                sql="insert into OrderGoods(OGid,Oid,Uid,Gid,OGamount,"+
                        "OGtotalprice)values("+ogid+","+oid+","+uid+","+gid+
                        ","+gamount+","+totalprice+")";
                st.addBatch(sql);
            }
            st.executeBatch();
            conn.commit();
            conn.setAutoCommit(true);
            db.closeAll(conn, st, null);
        } catch(SQLException e){
            flag=false;
            try {
                conn.rollback();
            } catch(SQLException e1){
                e1.printStackTrace();
            }
            e.printStackTrace();
        }finally{
            db.closeAll(conn, st, null);
```

```java
        }
        return flag;
    }

    @Override
    public int deleteById(int id){
        int row=0;
        String sql="delete from OrderGoods where Oid="+id;
        DBUtil db=new DBUtil();
        Connection conn=db.getConnection();
        Statement st;
        try {
            st=conn.createStatement();
            row=st.executeUpdate(sql);
            db.closeAll(conn, st, null);
        } catch(SQLException e){
            e.printStackTrace();
        }
        return row;
    }

}
```

9.6 浏览商品实现

匿名用户和已登录的用户都可以浏览商品。浏览商品的实现和 7.8 节的商品列表实现过程一致，不再赘述。

9.7 浏览次数实现

商品的浏览次数表示用户对商品的关注程度，在商品列表和商品详情里都可以看到浏览次数。有两个入口可统计浏览次数，即通过单击商品图片进入及通过单击商品名称进入。

页面的关键代码如下：

从商品图片进入

```html
<a href="${pageContext.request.contextPath}/GoodsDetail?gid=${goods[6]}">
<img src="${goods[0]}" height="150" border="1"/>
</a>
```

从商品名称进入

```html
<a href="${pageContext.request.contextPath}/GoodsDetail?gid=${goods[6]}">
${goods[1]}
```

</a>

通过 EL 表达式的方式将商品的 ID 传递给 GoodsDetail 进行处理。

浏览次数的业务逻辑实现代码如下：

```java
@WebServlet(description="获取商品详细信息", urlPatterns={ "/GoodsDetail" })
public class GoodsDetail extends HttpServlet {
    private static final long serialVersionUID=1L;

    protected void doGet (HttpServletRequest request, HttpServletResponse response)throws ServletException, IOException {
        doPost(request, response);
    }


    protected void doPost (HttpServletRequest request, HttpServletResponse response)throws ServletException, IOException {
//得到商品 ID
        String gid=request.getParameter("gid").trim();
        String sql="select Gimgurl,Gname,Gintro,Gclass,Gprice,"+
                    "Glook,Gid,Gbrief from GoodsInfo where Gid="+gid;
//更新表中的浏览量
        IGoodsDao dao= new IGoodsDaoImpl();
        Goods goods=dao.findById(Integer.parseInt(gid));
        goods.setGlook(goods.getGlook()+1);
        dao.updateGoods(goods);

//得到该商品的详细信息
        List<String[]>vgoods=DBUtil.getPageContent(1,sql);
        request.setAttribute("vgoods",vgoods.get(0));
        ServletContext sc=getServletContext();
        RequestDispatcher rd=sc.getRequestDispatcher("/jsp/goods/goodsdetail.jsp");
        rd.forward(request,response);
    }

}
```

商品浏览次数的实现原理是：用户每查看一次商品详情，系统就做一次计数并把这个数据保存到数据库中。程序首先通过 dao.findById 获取 Goods 的实例，再通过 goods.setGlook(goods.getGlook()+1)在原有的浏览次数上加 1 之后，通过 dao 接口更新浏览次数。更新完成后系统跳转到商品的详情页面。这里没有判断数据是否更新成功，而是直接进行了页面跳转，因为不需要判断，所以不管浏览次数是否更新成功，用户都会浏览商品。同时，利用 request.setAttribute("vgoods",vgoods.get(0))将商品的信息传递到商品详情页面。

9.8 浏览商品详细信息实现

用户可以通过浏览商品详细信息获取商品的所有信息，设计效果如图 9-2 所示。

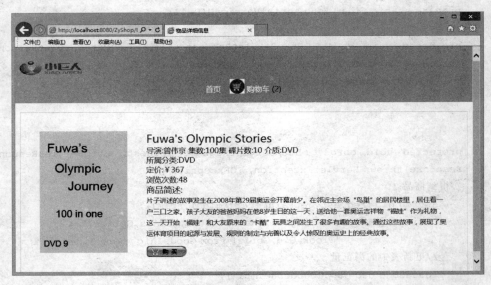

图 9-2 商品详细信息

代码如下：

```
<%@page contentType="text/html;charset=utf-8"%>

<%@taglib uri="http://java.sun.com/jsp/jstl/core" prefix="c"%>
<%@taglib prefix="fn" uri="http://java.sun.com/jsp/jstl/functions"%>

<html>
<head>
<title>商品详细信息</title>
<link rel="stylesheet" href="${pageContext.request.contextPath}/css/pintuer.css">
<link rel="stylesheet" href="${pageContext.request.contextPath}/css/jc.css">
</head>
<body>
    <div class="layout">
        <div
        class="line padding-big-top padding-big-bottom navbar bg-blue bg-
```

```html
            inverse ">
            <div class="x2">
                <button class="button icon-navicon float-right"
                    data-target="#header-demo3"></button>

                <img src="${pageContext.request.contextPath}/img/jclogo(2).
                    png" width="150" class="padding" height="50"/>
            </div>
            <%@ include file="../user/top.jsp"%>
        </div>
    </div>

    <div class="container-layout">
        <div class="line border padding-big margin-big-top">
            <div class="x3 padding-big">
                <img width="100%" class="img-responsive" src="${vgoods[0]}">
            </div>
            <div class="x9 float-right  padding-big">
                <h1>${vgoods[1]}</h1>
                <h4>
                    <span>${fn:replace(vgoods[2], '|', ' ')}</span>
                </h4>
                <h4>所属分类:${vgoods[3]}</h4>
                <h4>定价:￥${vgoods[4]}</h4>
                <h4>浏览次数:${vgoods[5]}</h4>
                <h3>商品简述:</h3>
                <p>${vgoods[7]}</p>

                <a href="${pageContext.request.contextPath}/BuyGoods?flag=
                    1&gid=${vgoods[6]}">
<img src="${pageContext.request.contextPath}/img/other/buy.gif"border="0"/>
</a>
            </div>
        </div>
    </div>
</body>
</html>
```

此段代码通过 EL 的方式展示商品的详细数据，${vgoods[0]}表示获取数组 vgoods 中下标为 0 的元素。

9.9 购物车 Bean

购物车 Bean 的实现代码如下：

```java
public class Cart {
    private int id;
    private Map<String,Integer> cart=new HashMap<String,Integer>();
    private int count=0;                            //购物车中的商品总数

    public int getId(){
        return id;
    }
    public void setId(int id){
        this.id=id;
    }
    public Map<String, Integer> getCart(){
        return cart;
    }
    public void setCart(Map<String, Integer> cart){
        this.cart=cart;
    }

    /**
     * 获得购物车中的商品总数
     * @return 商品总数
     */
    public int getSize(){
        Set<String> gid=cart.keySet();
        int count=0;
        for(String str:gid){
            //得到商品 ID 和数量
            count+=cart.get(str);
        }
        return count;
    }

    /**
     * 将商品添加到购物车中
     * @param 商品 ID
     */
    public void buy(String sid){
        if(cart.containsKey(sid)){              //用户不是第一次购买商品
            //该种商品数量加 1
```

```java
            cart.put(sid,cart.get(sid)+1);
        }
        else{                                    //用户第一次购买
            cart.put(sid,1);
        }
    }

    /**
     * 获取购物车中的商品信息
     * @return 商品信息集合
     */
    public List<String[]>getCartContent(){
        List<String[]> vgoods=new ArrayList<String[]>();
        //得到 Map 中的键值
        Set<String> gid=cart.keySet();
        //得到各物品的信息
        for(String str:gid){
            String[] arr=new String[4];
            arr[3]=str;
            //得到商品数量
            arr[2]=cart.get(str).toString();
            //得到商品名称和价格
            String sql="select Gname,Gprice from GoodsInfo where Gid="+Integer.parseInt(str);
            List<String[]> vtemp=DBUtil.getInfoArr(sql);
            String[] ginfo=vtemp.get(0);
            arr[0]=ginfo[0];
            arr[1]=ginfo[1];
            vgoods.add(arr);
        }
        return vgoods;
    }

    /**
     * 获取购物车中商品总价格
     * @return
     */
    public double getAccount(){
        double account=0.0;
        //得到所买商品的信息
        List<String[]> ginfo=this.getCartContent();
        for(String[] str:ginfo){
            //得到商品总价
            account+=Integer.parseInt(str[2]) * Double.parseDouble(str[1]);
```

```
            }
            //使商品保留两位小数
            account=Math.round(account * 100)/100.0;
            return account;
        }

        /**
         * 移除购物车中的商品
         * @param 商品ID
         */
        public void removeItem(String gid){
            cart.remove(gid);
        }
    }
```

代码详解：

购物车类定义了 Map<String,Integer> cart=new HashMap<String,Integer>()存放商品信息，用于存放用户加入到购物车中的商品，其中参数 String 表示商品的 ID，Integer 用来表示购物车中商品的数量。

在 buy 方法中，当用户第一次购买商品时，将该商品添加到 Map 中，并将其数量设置为1，否则实现该商品数量的自加。

9.10 加入购物车功能实现

和实体店购物一样，消费者选中了商品之后就可以将商品放入到购物车中。在网上商城系统中，用户只需要单击"购买"按钮即可将商品放入购物车，和实体店的感觉完全一样，如图9-3所示。

如果从商品列表中购物，那么商品加入购物车以后还应该停留在商品列表页面；如果从商品详情页面进行购物，那么商品加入购物车以后还应该继续停留在商品详情页面。购物的页面关键代码如下：

```
<a href="${pageContext.request.contextPath}/BuyGoods?flag=1&gid=${vgoods[6]}">
<img src="${pageContext.request.contextPath}/img/other/buy.gif" border="0"/>
</a>
```

业务逻辑实现

```
@WebServlet(description="购买商品", urlPatterns={ "/BuyGoods" })
public class BuyGoods extends HttpServlet {
    private static final long serialVersionUID=1L;

    protected void doGet (HttpServletRequest request, HttpServletResponse response)throws ServletException, IOException {
```

```java
        doPost(request, response);
    }

    protected void doPost(HttpServletRequest request, HttpServletResponse 
response)throws ServletException, IOException {
        HttpSession session=request.getSession();
        Pages pages=(Pages)session.getAttribute("pages");
        Cart cart=(Cart)session.getAttribute("cart");
if(pages==null){
    pages=new Pages();
}
if(cart==null){
    cart=new Cart();
}
//得到要购买东西的ID
        String gid=request.getParameter("gid").trim();
        //判断在哪里购买,0-在缩略图中购买,1-在详细信息中购买
        String flag=request.getParameter("flag").trim();
        cart.buy(gid);
        //得到搜索当前内容的sql
        String sql=pages.getSql();
        int page=pages.getCurPage();
        session.setAttribute("pages", pages);
        session.setAttribute("cart",cart);
        String url="";
        if(flag.equals("0")){
            url="/index.jsp";
        }
        else{
            url="/jsp/goods/goodsdetail.jsp";
            sql="select Gimgurl,Gname,Gintro,Gclass,Gprice,"+
                "Glook,Gid,Gbrief from GoodsInfo where Gid="+gid;
            page=1;
        }
        //返回后,得到页面内容
        List<String[]> vgoods=DBUtil.getPageContent(page,sql);

        if(vgoods.size()==0){                        //没有搜索到用户要找的商品
            String msg="对不起,没有搜索到你要的商品!!!";
            request.setAttribute("msg", msg);
        }



        if(flag.equals("0")){
```

```
            request.setAttribute("vgoods",vgoods);
        }
        else{
            request.setAttribute("vgoods",vgoods.get(0));
        }
        //forward 到要去的页面
        ServletContext sc=getServletContext();
        RequestDispatcher rd=sc.getRequestDispatcher(url);
        rd.forward(request,response);
    }
}
```

图 9-3　单击"购买"按钮加入购物车

先判断 session 对象中是否已经存在购物车对象。如果不存在,则创建一个新的对象,然后通过 cart.buy(gid) 将商品加入到购物车中,并将整个对象保存在 session 中。最后通过 forward 的方式跳转到相应的页面。

9.11　浏览购物车

为了方便用户随时查看所购买的商品,加入了查看购物车页面。通过该页面用户可以查看购物车中所有商品的信息,包括商品名称、数量、消费总额等。在系统首页提供一个供消费者浏览购物车的链接,代码如下:

```
<img src="${pageContext.request.contextPath}/img/other/cart.png"/>
<a href="${pageContext.request.contextPath}/jsp/user/cart.jsp">购物车<font
```

size="3" color="red">(${cart.size})</font></a>

为了方便消费者,用一张图片表示购物车,并在图片后添加了购物车的链接,${cart.size}表示当前购物车中的商品数量。每增加一件商品,该数字就会相应更新,如图 9-4 所示。

图 9-4 购物车商品总数

浏览购物车的界面设计如图 9-5 所示。

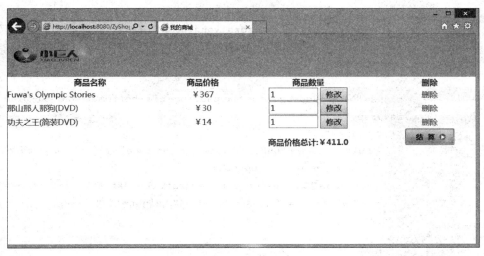

图 9-5 浏览购物车

购物车页面代码实现如下:

```
<%@ page contentType="text/html;charset=utf-8" %>
<%@ page import="java.util.List,com.cdzhiyong.domain.Cart" %>

<html>
<head>
<title>我的商城</title>
<link rel="stylesheet" href="${pageContext.request.contextPath}/css/pintuer.css">
<link rel="stylesheet" href="${pageContext.request.contextPath}/css/jc.css">
    <script type="text/javascript" src="script/trim.js"></script>
<script type="text/javascript">
    function checkNum(num)
    {
        var reg=/^[1-9][0-9]*$/;
```

```jsp
            if(reg.test(num.trim()))
            {
                return true;
            }
            else
            {
                alert("商品数量只能为数字且不能为 0!!!");
                return false;
            }
        }
</script>
</head>
<body>
<jsp:useBean id="cart" class="com.cdzhiyong.domain.Cart" scope="session"/>
<center>
    <div class="layout">
        <div
            class="line padding-big-top padding-big-bottom navbar bg-blue bg-inverse ">
            <div class="x2">
                <button class="button icon-navicon float-right" data-target="#header-demo3"></button>
                <img src="${pageContext.request.contextPath}/img/jclogo(2).png" width="150" class="padding" height="50" />
            </div>
        </div>
    </div>
<table width="100%">

<tr align="center">
<td>
<%
    if(cart.getCart().size()==0)
    {
        out.println("<b>你还没有购买商品</b>");
    }
    else
    {
        %>
    <table border="0" width="100%">
    <tr>
        <th>商品名称</th>
        <th>商品价格</th>
        <th>商品数量</th>
```

```jsp
<th>删除</th>
</tr>
    <%
        List<String[]> vgoods=cart.getCartContent();
        int i=0;
        for(String[] arr:vgoods)
        {
            i++;
            if(i%2==0)
            {
                out.println("<tr align='center'>");
            }
            else
            {
                out.println("<tr align='center' bgcolor='#F5F9FE'>");
            }
    %>
        <td align="left"><%=arr[0] %></td>
        <td>¥<%=arr[1] %></td>
        <form action="${pageContext.request.contextPath}/ChangeNum"
        method="post"
            onsubmit="return checkNum(document.all.gnum<%= arr[3]
            %>.value);">
        <td>
        <input type="text" id="gnum<%= arr[3] %>" name="gnum" value=
        "<%=arr[2] %>" size="10"/>
        <input type="submit" value="修改"/>
        <input type="hidden" name="gid" value="<%=arr[3]%>"/>
        </td>
        </form>
        <td><a href="${pageContext.request.contextPath}/DeleteCart?
        gid=<%=arr[3]%>">删除</a></td>
        </tr>
    <%
        }
    %>
    <tr>
    <td colspan="2"></td>
    <td align="center"><b>商品价格总计:¥<%=cart.getAccount()%></b>
    </td>
    <td align="center">
    <%
        if(session.getAttribute("recMsg")==null)
        {
```

```
                    %>
                <a href="${pageContext.request.contextPath}/Balance">
                <img src="../../img/other/balance.gif" border="0"/>
                </a>
                <%
                    }
                    else
                    {
                    %>
                <a href="order.jsp">
                <img src="../../img/other/balance.gif" border="0"/>
                </a>
                <%
                    }
                    %>
                </td>
                </tr>
        </table>
<%
    }
    %>
</td>
</tr>
</table>
</center>
</body>
</html>
```

购物车页面提供了商品数量的修改、删除及结算的入口。

代码详解：

<jsp:useBean id="cart" class="com.cdzhiyong.domain.Cart" scope="session"/>表示在 JSP 中使用 JavaBean 对象，使用范围是 session。

```
if(i%2==0)
{
    out.println("<tr align='center'>");
}
else
{
    out.println("<tr align='center' bgcolor='#F5F9FE'>");
}
```

这几行代码表示，如果该行能够被 2 整除，则表格没有背景色，否则表格将显示背景色。

```jsp
if(session.getAttribute("recMsg")==null)
   {
     %>
<a href="${pageContext.request.contextPath}/Balance">
<img src="../../img/other/balance.gif" border="0"/>
</a>
<%
   }
   else
   {
     %>
<a href="order.jsp">
<img src="../../img/other/balance.gif" border="0"/>
</a>
<%
   }
     %>
```

这段代码表示，如果 session 中有收货人信息，则用户能够直接到结算页面进行结算。如果没有收货人信息，则必须先录入收货人信息。

9.12 修改商品数量实现

用户在查看购物车页面中对商品数量文本框进行修改后，单击"修改"按钮即可修改其数量。修改完毕后，购物车中的商品数量、商品价格小结和购物车中的商品总价格都会发生相应的变化。

JSP 关键代码：

```jsp
<form action="${pageContext.request.contextPath}/ChangeNum" method="post" onsubmit="return checkNum(document.all.gnum<%=arr[3] %>.value);">
    <td>
    <input type="text" id="gnum<%=arr[3] %>" name="gnum" value="<%=arr[2] %>" size="10"/>
    <input type="submit" value="修改"/>
    <input type="hidden" name="gid" value="<%=arr[3]%>"/>
    </td>
</form>
```

用户输入修改的数据后，单击"修改"按钮，表单将提交 ChangeNum 进行处理。ChangeNum.java 的关键代码如下：

```java
HttpSession session=request.getSession();
//得到修改物品的 ID 和修改后的数量
String gnum=request.getParameter("gnum").trim();
```

```java
String gid=request.getParameter("gid").trim();
intnum=0;
try
{
    num=Integer.parseInt(gnum);
}
catch(Exception e)
{
    //修改的数量不合法
    String msg="对不起,数量修改错误!!!";
    pageForward(msg,request,response);
}
int id=Integer.parseInt(gid);
//得到库存数量
IGoodsDao dao=new IGoodsDaoImpl();
int count=dao.getAmountById(id);
if(count<num)
{                                              //当库存少于修改的值时
    String msg="对不起,库存不够,库存数量只有 "+count;
    pageForward(msg,request,response);
}
else
{                                              //当库存够时
Cart mycart=(Cart)session.getAttribute("cart");
if(mycart==null)
{
    mycart=new Cart();
}
//得到用户的购物车
Map<String,Integer>cart=mycart.getCart();
//修改商品数量
cart.put(gid,num);
session.setAttribute("cart",mycart);
response.sendRedirect(request.getContextPath()+"/jsp/user/cart.jsp");
}
```

购买的商品数量必须要小于库存的数量。当库存不足时,系统会提示修改失败。如果修改成功,将重新将 Cart 对象放入 session 中,页面通过 sendRedirect 的方式跳转到 cart.jsp 页面。

9.13 移除商品实现

移除商品后,查看购物车中的商品信息时不会将其显示出来。同时,购物车中的商品总价格也会将所移除商品的价格减掉。

JSP 关键代码如下:

```html
<a href="${pageContext.request.contextPath}/DeleteCart?gid=<%=arr[3]%>">删除</a>
```

单击"删除"按钮后将会把 gid 参数传递给 DeleteCart 进行逻辑处理。
DeleteCart.java 的关键代码如下：

```java
protected void doPost (HttpServletRequest request, HttpServletResponse response)throws ServletException, IOException {
    HttpSession session=request.getSession();
    //得到删除商品的 ID
    String gid=request.getParameter("gid").trim();
    //得到 JavaBean 对象
    Cart cart=(Cart)session.getAttribute("cart");
    if(cart==null)
    {
        cart=new Cart();
    }
    cart.removeItem(gid);
    session.setAttribute("cart",cart);
    response.sendRedirect(request.getContextPath()+"/jsp/user/cart.jsp");
}
```

代码详解：

通过 request.getSession 获取 session 对象，从 session 对象中获取 Cart 购物车对象，如果为空就重新创建一个。删除完毕后重新将 Cart 保存在会话中。

9.14 收货人信息实现

当消费者进行结算时，如果 session 中没有收货人的信息，系统则跳转到收货人信息填写页面，界面设计如图 9-6 所示。
页面关键代码如下：

```html
<form action="${pageContext.request.contextPath}/SaveReceiverToSession" method="post" name="mfrec">
<tr>
<td><br/>收货人姓名:</td>
<td><br/><input name="recname"/></td>
</tr>
<tr>
<td><br/>收货人地址:</td>
<td><br/><input name="recadr"/></td>
</tr>
<tr>
<td><br/>收货人电话:</td>
```

```
<td><br/><input name="rectel"/></td>
</tr>
<tr>
<td align="center" colspan="2">
<font color="red" size="">
<br/>请你务必填写正确的信息,以保证你的货物能顺利收到。
</font>
</td>
</tr>
<tr>
<td colspan="2" align="right">
<br/><input type="submit" value="确认" onclick="checkMsg()"/>
</td>
</tr>
</form>
```

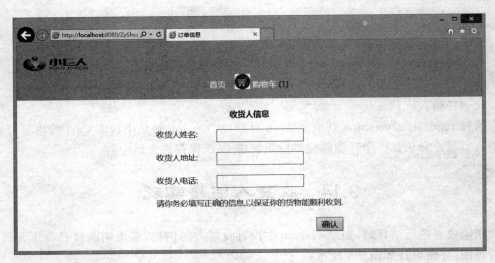

图9-6 填写收货人信息

信息填写完毕后,单击"确认"按钮后将信息提交给SaveReceiverToSession处理,将收货人信息保存到session中。

SaveReceiverToSession的代码实现:

```
@WebServlet(description="将收件人的信息保存到session中", urlPatterns=
{ "/SaveReceiverToSession" })
public class SaveReceiverToSession extends HttpServlet {
    private static final long serialVersionUID=1L;

    protected void doGet ( HttpServletRequest request, HttpServletResponse
    response)throws ServletException, IOException {
        doPost(request, response);
```

}

```java
protected void doPost (HttpServletRequest request, HttpServletResponse response)throws ServletException, IOException {
    HttpSession session=request.getSession();
    //保存收货人信息,放入session
    //收到各参数
    String recname=request.getParameter("recname");
    String recadr=request.getParameter("recadr");
    String rectel=request.getParameter("rectel");
    String[] recMsg=new String[3];
    recMsg[0]=recname.trim();
    recMsg[1]=recadr.trim();
    recMsg[2]=rectel.trim();
    //放入session并重定向到订单页
    session.setAttribute("recMsg",recMsg);
    response.sendRedirect(request.getContextPath()+"/jsp/user/order.jsp");
}
```

}

如果经系统验证是合法的信息,则进入到订单处理页面。

9.15 收货人信息修改功能实现

如果收货人信息不正确,则可以在订单页面修改收货人的信息。界面设计如图 9-7 所示。

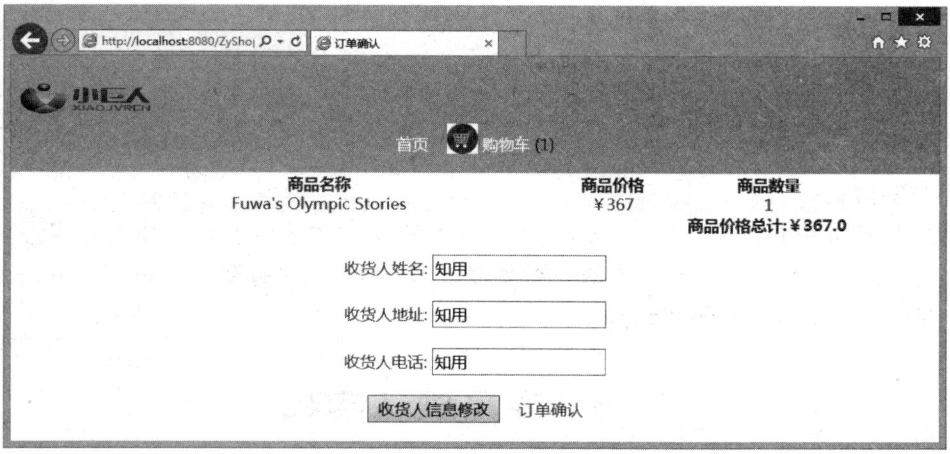

图 9-7 修改收货人信息

单击"收货人信息修改"按钮后,表单将提交 ModifyReceiver 进行处理,代码如下:

```java
@WebServlet(description="修改收货人信息", urlPatterns={ "/ModifyReceiver" })
public class ModifyReceiver extends HttpServlet {
    private static final long serialVersionUID=1L;

    protected void doGet (HttpServletRequest request, HttpServletResponse 
response)throws ServletException, IOException {
        doPost(request, response);
    }

    protectedvoid doPost (HttpServletRequest request, HttpServletResponse 
response)throws ServletException, IOException {
        String recname=request.getParameter("recname").trim();
        String recadr=request.getParameter("recadr").trim();
        String rectel=request.getParameter("rectel").trim();
        HttpSession session=request.getSession();
        String[] recMsg= (String[])session.getAttribute("recMsg");
        //当收货人信息为空时
        if(recMsg==null)
        {
            //重定向到首页
            response.sendRedirect("index.jsp");
        }
        else
        {
            //修改 session 里面收货人的信息
        recMsg[0]=recname;
        recMsg[1]=recadr;
        recMsg[2]=rectel;
        session.setAttribute("recMsg",recMsg);
        response.sendRedirect(request.getContextPath()+"/jsp/user/order.jsp");
        }
    }
}
```

代码详解:

从 session 中获取 recMsg 对象,如果为空则重定向到系统首页。如果不为空,则将通过 request.getParameter 获取的参数赋值给 recMsg。保存到 session.setAttribute ("recMsg",recMsg)后,跳转到 order.jsp 页面。

9.16 订单确认实现

当信息确认无误后,就可以提交订单。
JSP 页面关键代码如下:

```
<a href="${pageContext.request.contextPath}/OrderConfirm">订单确认</a>
```

单击"订单确认"按钮后将提交 OrderConfirm 进行逻辑处理，OrderConfirm 的实现代码如下：

```java
@WebServlet(description="确认订单", urlPatterns={ "/OrderConfirm" })
public class OrderConfirm extends HttpServlet {
    private static final long serialVersionUID=1L;

    protected void doGet (HttpServletRequest request, HttpServletResponse
response) throws ServletException, IOException {
        doPost(request, response);
    }

    protected void doPost (HttpServletRequest request, HttpServletResponse
response) throws ServletException, IOException {
        HttpSession session=request.getSession();
        Cart mycart= (Cart)session.getAttribute("cart");
        //若该对象为空,则返回首页
if(mycart==null){
            response.sendRedirect("index.jsp");
}
else{
    IUserDao userDao=new IUserDAOImpl();
    IOrderDao orderDao=new IOrderDaoImpl();
    IOrderGoodsDao orderGoodsDao=new IOrderGoodsDaoImpl();
    Order order=new Order();
    //得到向订单基本信息表中插入数据的 sql
    String[] recMsg= (String[])session.getAttribute("recMsg");
    double oprice=mycart.getAccount();
    int oid=orderDao.getId();
    String uname= (String)session.getAttribute("user");

    int uid=userDao.findIdByName(uname);

    order.setOid(oid);
    order.setOreceivername(recMsg[0]);
    order.setAddress(recMsg[1]);
    order.setTel(recMsg[2]);
    order.setUid(uid);
    order.setTotalPrice(oprice);

    //得到向订单货物表中插入数据的 sql
    List<String[]> vgoods=mycart.getCartContent();
    int ogid=orderGoodsDao.getId();
```

```
            OrderGoods orderGoods=null;
            List<OrderGoods> lists=new ArrayList<OrderGoods>();
            for(int i=0;i<vgoods.size();i++){
                String[] ginfo=vgoods.get(i);
                int gid=Integer.parseInt(ginfo[3]);
                int gamount=Integer.parseInt(ginfo[2]);
                double gprice=Double.parseDouble(ginfo[1]);
                double totalprice=gprice*gamount;

                orderGoods=new OrderGoods(ogid, oid, uid, gid, gamount, totalprice);
                lists.add(orderGoods);
                ogid++;
            }
            //执行该事务
            boolean flag=orderGoodsDao.addOrderGoodsbatchyBatch(lists);
            int row=orderDao.addOrder(order);
            String msg="";
            if(!flag || row<=0){
                msg="对不起,订单提交失败";
            }
            else{
                msg="恭喜你,订单提交成功";
            }
            //将收货人信息和JavaBean对象设为空
            session.setAttribute("recMsg", null);
            session.setAttribute("cart", null);

            request.setAttribute("msg",msg);
            String url="/error.jsp";
            ServletContext sc=getServletContext();
            RequestDispatcher rd=sc.getRequestDispatcher(url);
            rd.forward(request,response);
        }
    }

}
```

代码详解:

系统首先判断 session 对象中是否有 Cart 购物车对象。如果该对象为空,则直接跳转到系统首页。如果不为空,则将订单基本信息入库。

9.17 本章知识点

(1) Map 存储数据：Map 以键/数值对的形式存储数据,和数组非常相似。在数组中存在的索引,其本身也是对象。

(2) 事务：事务是访问数据库的一个操作序列，数据库应用系统通过事务集来完成对数据库的存取。事务的正确执行使得数据库从一种状态转换成另一种状态。事务必须遵循 ISO/IEC 所制定的 ACID 原则。ACID 是原子性（Atomicity）、一致性（Consistency）、隔离性（Isolation）和持久性（Durability）的英文缩写。

9.18 本章小结

本章完成了购物车模块的设计和开发。通过本章的学习，读者应该对 MVC 模式及事务的处理有比较清晰的了解。

9.19 练习

(1) 使用 Map 进行存储，实现团购商品购物车的功能，对于库存不足的货物要提示无法加入购物车。

(2) 完成购物车数据操作接口的实现和定义，可以在购物车中添加、移除和修改商品。

第 10 章

订单管理模块设计与开发

本章学习目标

通过本章学习，读者应该可以：
- 熟练使用 EL 表达式。
- 深入理解 MVC 设计模式。

10.1 订单管理模块概述

订单管理模块主要供管理员使用。消费者结算以后，管理员可以对订单进行管理，包括搜索订单、查看订单、修改订单、订单删除及订单发送，如图 10-1 所示。

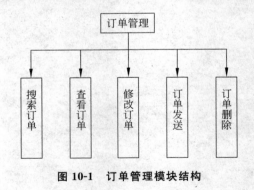

图 10-1 订单管理模块结构

10.2 订单管理首页设计

管理员首页提供一个订单管理的入口，设计效果如图 10-2 所示。

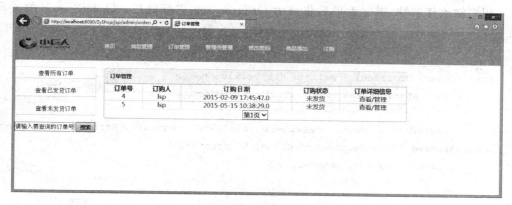

图 10-2 订单管理

10.3 订单号搜索的实现过程

订单号搜索的页面设计效果如图 10-3 所示。
订单号搜索的页面关键代码如下：

```
<form name="mfsearch" action="OrderSearch" method
="post">
<div>
<input name="txtsearch" value="请输入要查询的订单
号" onfocus="txtclear()"/>
<input type="submit" value="搜索" onclick="check()"/>
</div>
</form>
```

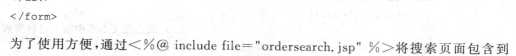

图 10-3 订单号搜索

为了使用方便，通过<%@ include file="ordersearch.jsp" %>将搜索页面包含到 ordermanage.jsp 订单管理页面中。实现效果如图 10-4 所示。

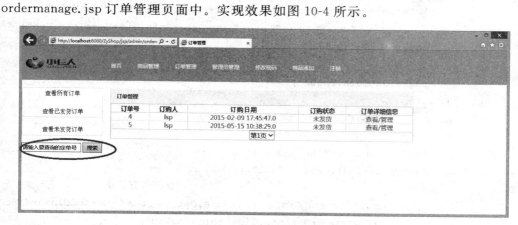

图 10-4 嵌入搜索页

用户输入订单号,提交表单后将交由 OrderSearch 进行处理。OrderSearch 的实现如下:

```java
@WebServlet(description="订单搜索", urlPatterns={ "/OrderSearch" })
public class OrderSearch extends HttpServlet {
    private static final long serialVersionUID=1L;

    protected void doGet (HttpServletRequest request, HttpServletResponse response)throws ServletException, IOException {
        doPost(request, response);
    }

    protected void doPost (HttpServletRequest request, HttpServletResponse response)throws ServletException, IOException {
        HttpSession session=request.getSession();
        //得到 JavaBean 对象
        Pages pages=(Pages)session.getAttribute("pages");
        if(pages==null)
        {
            pages=new Pages();
        }
        String txtsearch=request.getParameter("txtsearch");
        String type=request.getParameter("type");
        String sql="";
        //将每页记录数定为 10
        DBUtil.setSpan(10);
        pages.setCurPage(1);
        if(txtsearch!=null)
        {                                               //用户在文本框中输入内容搜索
            int oid=Integer.parseInt(txtsearch.trim());
            sql="select Oid,Uname,Odate,Ostate from OrderInfo,UserInfo"+
                " where Oid="+oid+" and OrderInfo.Uid=UserInfo.Uid";
            pages.setSql(sql);
            //设置总页数
            pages.setTotalPage(1);
        }
        else
        {
            String sqlpage="";
            if(type.trim().equals("all"))
            {                                           //查询所有订单
                sql="select Oid,Uname,Odate,Ostate from OrderInfo,UserInfo"
                    +" where OrderInfo.Uid=UserInfo.Uid";
                sqlpage="select count(*)from OrderInfo";
```

```java
        }
        else if(type.trim().equals("yes"))
        {                                //查询所有已发货订单
            sql="select Oid,Uname,Odate,Ostate from OrderInfo,UserInfo"+
            " where Ostate='已发货' and OrderInfo.Uid=UserInfo.Uid order by Oid";
            sqlpage="select count(*)from OrderInfo where Ostate='已发货'";
        }
        else if(type.trim().equals("no"))
        {                                //查询所有未发货订单
            sql="select Oid,Uname,Odate,Ostate from OrderInfo,UserInfo"+
            " where Ostate='未发货' and OrderInfo.Uid=UserInfo.Uid order by Oid";
            sqlpage="select count(*)from OrderInfo where Ostate='未发货'";
        }
        int totalpage=DBUtil.getTotalPages(sqlpage);
        pages.setSql(sql);
        //记住当前总页数
        pages.setTotalPage(totalpage);
    }
    session.setAttribute("pages",pages);
    //得到第一页的内容
    List<String[]> vorder=DBUtil.getPageContent(1,sql);
    DBUtil.setSpan(2);
    if(vorder.size()==0)
    {                                //没有搜索到用户要找的商品
        String msg="对不起,没有搜到你要查询的订单!!!";
        request.setAttribute("msg", msg);
        ServletContext sc=getServletContext();
        RequestDispatcher rd=sc.getRequestDispatcher("/error.jsp");
        rd.forward(request,response);
    }
    else
    {                                //搜索到信息并返回
        request.setAttribute("vorder",vorder);
        ServletContext sc=getServletContext();
        RequestDispatcher rd = sc. getRequestDispatcher ( "/jsp/admin/
        ordermanage.jsp");
        rd.forward(request,response);
    }
  }
}
```

代码详解：

通过 Integer.parseInt(txtsearch.trim()) 将搜索框中的字符串转换为 int 型。然后将搜索到的内容传递到 ordermanage.jsp 进行展示。

10.4 查看所有订单的实现过程

查看所有订单的页面关键代码：

```
<a href="${pageContext.request.contextPath}/OrderSearch?type=all">查看所有订单</a>
```

业务逻辑关键代码：

```
String type=request.getParameter("type");
        if(type.trim().equals("all"))
        {                            //查询所有订单
            sql="select Oid,Uname,Odate,Ostate from OrderInfo,UserInfo"+
                " where OrderInfo.Uid=UserInfo.Uid";
            sqlpage="select count(*) from OrderInfo";
        }
```

通过 ${pageContext.request.contextPath}/OrderSearch?type=all 的 URL 传值方式将 type 的值传递给 OrderSearch 进行处理。OrderSearch 根据 type 的值传递到相应的分支进行处理。type 的值有三个：all、yes、no。all 表示查询所有订单，yes 表示查询已经发货的订单，no 表示查询未发货的订单。

10.5 查看已发货订单的实现过程

查看已发货订单的页面关键代码：

```
<a href="${pageContext.request.contextPath}/OrderSearch?type=yes">
    <br/>查看已发货订单
</a>
```

业务逻辑关键代码：

```
else if(type.trim().equals("yes"))
{                            //查询所有已发货订单
    sql="select Oid,Uname,Odate,Ostate from OrderInfo,UserInfo"+
        " where Ostate='已发货' and OrderInfo.Uid=UserInfo.Uid order by Oid";
    sqlpage="select count(*) from OrderInfo where Ostate='已发货'";
}
```

10.6 查看未发货订单的实现过程

查看未发货订单的页面关键代码：

```
<a href="${pageContext.request.contextPath}/OrderSearch?type=no">
    <br/>查看未发货订单
</a>
```

业务逻辑关键代码：

```
else if(type.trim().equals("no"))
{                                          //查询所有未发货订单
    sql="select Oid,Uname,Odate,Ostate from OrderInfo,UserInfo"+
        " where Ostate='未发货' and OrderInfo.Uid=UserInfo.Uid order by Oid";
    sqlpage="select count(*) from OrderInfo where Ostate='未发货'";
}
```

10.7 订单列表实现

订单列表的实现文件为 orderlist.jsp，实现代码如下：

```
<%@page contentType="text/html;charset=utf-8"%>
<%@page import="java.util.List"%>
<%@page import="com.cdzhiyong.util.DBUtil,com.cdzhiyong.domain.Pages"%>
<%@taglib uri="http://java.sun.com/jsp/jstl/core" prefix="c"%>
<link rel="stylesheet" href="${pageContext.request.contextPath}/css/jc.css">
<link rel="stylesheet" href="${pageContext.request.contextPath}/css/pintuer.css">

<!--商品内容-->
<div class="x9 margin-big-top margin-big-left">
<div class="panel">
<div class="panel-head"><strong>订单管理</strong></div>
<div class="table-responsive table-bordered">
<table class="table text-center" cellspacing="0px" style="border-collapse: collapse">
<tr>
<th>订单号</th>
<th>订购人</th>
<th>订购日期</th>
<th>订购状态</th>
<th>订单详细信息</th>
</tr>
```

```jsp
<%
    List<String[]> vorder=(List<String[]>)request.getAttribute("vorder");
    if(vorder==null)
    {
        DBUtil.setSpan(10);
        Pages pages=new Pages();
        int nowpage=pages.getCurPage();
        String sql="select Oid,Uname,Odate,Ostate from OrderInfo,UserInfo"+
                "where Ostate='未发货' and OrderInfo.Uid=UserInfo.Uid order by Oid";
        String sqlpage="select count(*) from OrderInfo where Ostate='未发货'";

        int totalpage=DBUtil.getTotalPages(sqlpage);

        pages.setSql(sql);
        //记住当前总页数
        pages.setTotalPage(totalpage);
        vorder=DBUtil.getPageContent(nowpage,sql);
        DBUtil.setSpan(4);

        session.setAttribute("pages", pages);
        request.setAttribute("vorder", vorder);
    }
%>
<c:forEach var="str" items="${vorder}">
<c:choose>
<c:when test="${i%2==0}">
<c:out value="<tralign='center'>" escapeXml="false"/>
</c:when>
<c:otherwise>
<c:out value="<tralign='center'bgcolor='#F5F9FE'>" escapeXml="false"></c:out>
</c:otherwise>
</c:choose>
        <td>${str[0]}</td>
        <td>${str[1]}</td>
        <td>${str[2]}</td>
        <td>${str[3]}</td>
        <td><a href="${pageContext.request.contextPath}/OrderManage?oid=
        ${str[0]}">查看/管理</a></td>
    </tr>
</c:forEach>

<tr>
<c:set var="curPage" value="${pages.curPage}"/>
<c:set var="totalPage" value="${pages.totalPage}"/>
<td colspan="5" align="center">
<c:if test="${curPage>1}">
```

```
<a href="${pageContext.request.contextPath}/OrderPageChange?curPage=
${curPage-1}">上一页</a>
</c:if>

<form action="${pageContext.request.contextPath}/OrderPageChange"method=
"post">
    <select onchange="this.form.submit()" name="selPage">
    <c:forEach var="i" begin="1" end="${totalPage}" step="1">
    <c:set var="flag" value=""/>
    <c:if test="${flag==i}">
    <c:set var="flag" value="selected"/>
    </c:if>
        <option value="${i}"${flag}>第${i}页</option>
    </c:forEach>
    </select>

</form>

<c:if test="${curPage<totalPage}">
    <a href="${pageContext.request.contextPath}/OrderPageChange?curPage=
${curPage+1}">下一页>></a>
</c:if>
</td>
</tr>
</table>
</div>
</div>
</div>
```

代码详解：

订单列表的内容保存在 vorder 属性中。如果得到的值为空，则必须重新创建一个。订单列表页面默认显示未发货的订单，方便管理员及时处理订单。JSTL ＜c:out value＝"＜tr align='center'＞" escapeXml="false"/＞中使用了 escapeXml="false"，在＜c:out＞标签中有一个 escapeXml 属性，其默认值为 true,意思是是否过滤为 XML 文档。如果 escapeXml="false"，则将其中的 HTML、XML 解析出来。例如＜c:out value＝"＜tr align='center'＞" escapeXml="false"/＞。如果其值为 true，则直接将＜tr align='center'＞显示出来。如果其值为 false，则将＜tr align='center'＞进行解析。

10.8 订单查看/管理实现

管理员对订单的查看、管理主要涉及管理员对订单信息的查看及订单的发送和删除。订单列表 orderlist.jsp 中的关键代码如下：

```
<a href="${pageContext.request.contextPath}/OrderManage?oid=${str[0]}">查
看/管理</a>
```

订单详情页面设计如图 10-5 所示。

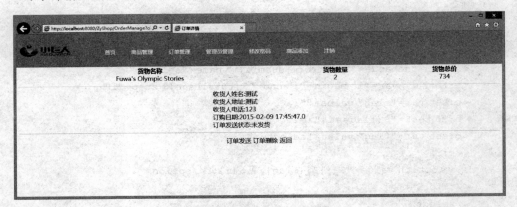

图 10-5　订单详情页面设计

OrderManage.java 的实现如下：

```
@WebServlet(description="管理员查看和管理订单", urlPatterns={ "/OrderManage" })
public class OrderManage extends HttpServlet {
    private static final long serialVersionUID=1L;

    protected void doGet(HttpServletRequest request, HttpServletResponse
response)throws ServletException, IOException {
        doPost(request, response);
    }

    protected void doPost(HttpServletRequest request, HttpServletResponse
response)throws ServletException, IOException {
        String oid=request.getParameter("oid").trim();
        int id=Integer.parseInt(oid);
        //得到订单的基本信息
        String osql="select Orecname, Orecadr, Orectel, Odate, Ostate, Oid from
OrderInfo"+" where Oid="+id;
        List<String[]> vorderinfo=DBUtil.getInfoArr(osql);
        //得到订单中的货物信息
        String ogsql="select Gname, OGamount, OGtotalprice from GoodsInfo,"+
"OrderGoods where GoodsInfo.Gid=OrderGoods.Gid"+" and Oid="+id;
        List<String[]> vordergoods=DBUtil.getInfoArr(ogsql);
        request.setAttribute("vorderinfo",vorderinfo);
        request.setAttribute("vordergoods",vordergoods);
        ServletContext sc=getServletContext();
        RequestDispatcher rd=sc.getRequestDispatcher("/jsp/admin/ordermodify.jsp");
```

```
        rd.forward(request,response);
    }

}
```

代码详解：

将订单信息和货物信息分别存储在 vorderinfo、vordergoods 的 List 对象中，然后通过 setAttribute 保存在 request 中，跳转到 ordermodify.jsp 供页面显示。

10.9 订单查看/管理页面代码实现

关键代码如下：

```jsp
<%@page contentType="text/html;charset=utf-8"%>
<%@page import="java.util.List"%>
<%@taglib uri="http://java.sun.com/jsp/jstl/core"prefix="c"%>
<%
    if(session.getAttribute("admin")==null)
    {
        response.sendRedirect(request.getContextPath()+"/adlogin.jsp");
    }
%>


<html>
<head>
<title>订单详情</title>
<link rel="stylesheet" href="${pageContext.request.contextPath}/css/pintuer.css">
<link rel="stylesheet" href="${pageContext.request.contextPath}/css/jc.css">
</head>
<body>
    <div class="layout">
        <div
            class="line padding-big-top padding-big-bottom navbar bg-blue bg-inverse ">
            <div class="x2">
                <button class="button icon-navicon float-right" data-target="#header-demo3"></button>

                <img src="${pageContext.request.contextPath}/img/jclogo(2).png" width="150" class="padding" height="50"/>
            </div>
            <%@ include file="admintop.jsp"%>
```

```html
            </div>
        </div>
<table class="table text-center "cellspacing="0px" style="border-collapse: collapse">

<tr align="center">
<td>
<table class="table  text-center" cellspacing="0px" style="border-collapse: collapse">
<tr>
    <th>货物名称</td>
    <th>货物数量</td>
    <th>货物总价</td>
</tr>
<c:forEach var="temp" items="${vordergoods}">
<c:choose>
<c:when test="${i%2==0}">
<c:out value="<tralign='center'>" escapeXml="false"/>
</c:when>
<c:otherwise>
<c:out value="<tralign='center'bgcolor='#F5F9FE'>" escapeXml="false"/>
</c:otherwise>
</c:choose>
<td>${temp[0]}</td>
<td>${temp[1]}</td>
<td>${temp[2]}</td>
</tr>
</c:forEach>
</table>
</td>
</tr>
<tr>
<td><hr/></hr></td>
</tr>
<tr align="center"><c:set var="str" value="${vorderinfo[0]}"/>
<td>
<table>
<tr>
<td>收货人姓名:${str[0]}</td>
</tr>
<tr>
<td>收货人地址:${str[1]}</td>
</tr>
<tr>
```

```
<td>收货人电话:${str[2]}</td>
</tr>
<tr>
<td>订购日期:${str[3]}</td>
</tr>
<tr>
<td>订单发送状态:${str[4]}</td>
</tr>
</table>
</td>
</tr>
<tr>
<td><hr/></hr></td>
</tr>
<tr align="center">
<td>
<a href="${pageContext.request.contextPath}/OrderEnsure?oid=${str[5]}">订单发送</a>
<a href="${pageContext.request.contextPath}/OrderDelete?oid=${str[5]}">订单删除</a>
<a href="javascript:history.back()">返回</a>
</td>
</tr>
</table>
</body>
</html>
```

代码详解:

通过 EL 表达式的方式将 request 范围内的 vorderinfo、vordergoods 分别展示在页面上。

```
<c:set var="str" value="${vorderinfo[0]}"/>
```

表示将 vorderinfo 中的第 1 个数组元素赋值给变量 str。

```
<a href="${pageContext.request.contextPath}/OrderEnsure?oid=${str[5]}">订单发送</a>
<a href="${pageContext.request.contextPath}/OrderDelete?oid=${str[5]}">
```

订单删除</a>是两个超链接,将带参数的动作分别发送给 OrderEnsure 和 OrderDelete 两个 Servlet 进行处理。

10.10 发送订单实现

管理员确认订单无误后,就可以单击"订单发送"链接进行订单发送。订单发送链接的关键代码如下:

```html
<a href="${pageContext.request.contextPath}/OrderEnsure?oid=${str[5]}">订单发送</a>
```

订单发送的逻辑处理类 OrderEnsure.java 的实现如下：

```java
@WebServlet(description="管理员确认之后发送订单", urlPatterns=
{ "/OrderEnsure" })
public class OrderEnsure extends HttpServlet {
    private static final long serialVersionUID=1L;

    protected void doGet (HttpServletRequest request, HttpServletResponse
response)throws ServletException, IOException {
        doPost(request, response);
    }

    protected void doPost (HttpServletRequest request, HttpServletResponse
response)throws ServletException, IOException {
        HttpSession session=request.getSession();
        IOrderDao orderDao=new IOrderDaoImpl();
        String oid=request.getParameter("oid");
        int id=Integer.parseInt(oid);
        String aname= (String)session.getAttribute("admin");
        IAdminDao adminDao=new IAdminDAOImpl();
        int aid=adminDao.findIdByName(aname);
        String temp="select Gid,OGamount from OrderGoods where Oid="+id;
        List<String[]> vtemp=DBUtil.getInfoArr(temp);

        IGoodsDao goodsDao=new IGoodsDaoImpl();
        Goods goods=null;
        List<Goods> lists=new ArrayList<Goods>();
        for(int i=0;i<vtemp.size();i++)
        {
            String[] arr=vtemp.get(i);
            goods=goodsDao.findById(Integer.parseInt(arr[0]));
            int amount=goodsDao.getAmountById(Integer.parseInt(arr[0]));
            goods.setGamount(amount-Integer.parseInt(arr[1]));
            lists.add(goods);
        }
        boolean flag=goodsDao.updateGoodsBatch(lists);
        int row=orderDao.updateAidByOid(aid, id);
        String msg="";
        if(flag&&row>0)
        {
            msg="恭喜您,订单确定成功!!!";
        }
```

```
            else
            {
                msg="对不起,订单确定失败!!!";
            }
            request.setAttribute("msg",msg);
            ServletContext sc=getServletContext();
            RequestDispatcher rd=sc.getRequestDispatcher("/error.jsp");
            rd.forward(request,response);
        }

    }
```

代码详解:

要发送一个订单,首先必须要有订单的 ID。获取订单的 ID 后,还要知道当前是哪一个管理员在执行操作,通过 session.getAttribute("admin")获取当前登录的管理员的用户名。

为了防止出现部分货物更新不成功的情况发生,这里使用事务处理将所有要更新的货物全部保存在 List 对象中。updateGoodsBatch 接收到参数后对货物进行了批量处理。

10.11 删除订单实现

如果管理员认为订单是无效订单,可以删除订单。删除订单链接的关键代码如下:

```
<a href="${pageContext.request.contextPath}/OrderDelete?oid=${str[5]}">订单删除</a>
```

删除订单的逻辑处理类 OrderDelete.java 的实现如下:

```
@WebServlet(description="管理员删除订单", urlPatterns={ "/OrderDelete" })
public class OrderDelete extends HttpServlet {
    private static final long serialVersionUID=1L;

    protected void doGet(HttpServletRequest request, HttpServletResponse response)throws ServletException, IOException {
        doPost(request, response);
    }

    protected void doPost(HttpServletRequest request, HttpServletResponse response)throws ServletException, IOException {
        String oid=request.getParameter("oid");
        int id=Integer.parseInt(oid);
        IOrderDao order=new IOrderDaoImpl();
```

```
boolean flag=order.deleteByOid(id);
String msg="";
if(flag)
{
    msg="恭喜您,订单删除成功!!!";
}
else
{
    msg="对不起,订单删除失败!!!";
}
request.setAttribute("msg",msg);
ServletContext sc=getServletContext();
RequestDispatcher rd=sc.getRequestDispatcher("/error.jsp");
rd.forward(request,response);
```
}

代码详解:

根据订单的 ID 可删除订单。获取 ID 后,可利用 IOrderDao 接口中的 deleteByOid 将订单删除。

10.12 本章小结

本章完成了订单管理模块的开发。通过订单管理模块的开发,读者可以深入了解 MVC 设计模式和 EL 表达式,基本掌握网上商城开发的基本知识。

10.13 练 习

(1)完成团购网站的订单管理首页设计,并具有上一页、下一页的翻页功能,能够对订单进行发货、修改、删除处理。

(2)实现团购订单的订单号搜索,根据订单号查询相应的订单。如果无订单,则提示"无订单";如果有订单,则显示订单的详细信息。

附录 A

A.1 JSP 编码规范

1. 文件命名与存放位置

文件类型后缀及建议存放位置如下：

类型	后缀	位置
JSP 技术	.jsp	\<contxt root\>/\<子系统路径\>/
JSP 片段	.jsp	\<contxt root\>/\<子系统路径\>/
	.jspf	\<contxt root\>/web_inf/jspf/\<子系统路径\>/
样式表	.css	\<contxt root\>/css/
JavaScript 技术	.js	\<contxt root\>/js/
HTML 技术	.html	\<contxt root\>/\<子系统路径\>/
Web 资源	.gif、.pig	\<contxt root\>/images/
标签库	.tld	\<contxt root\>/web_inf/tld/

\<contxt root\>是 Web 应用的路径；\<子系统路径\>是系统的逻辑划分，其中包括了静态及动态的页面。

为 JSP、包含的文件、JavaBean 命名应遵循标准的命名规则。除非有特殊情况，目录、文件的名称全部用小写英文字母、数字、下划线的组合，其中不得包含汉字、空格和特殊字符，可以由多个单词组成，后面的单词首字母大写。JSP 文件名应是一个名词或简短的句子。例如：

JSP 控制器：xxxxController.jsp。
被包含的：jsp_descriptiveNameOfFragment.jsp。
JSP 页面模型 Bean：\<pagename\>Bean，如 loginBena.java。
JSP 会话 Bean：xxxxSessionBean。
标记类：xxxxTag，xxxxTagExtraInfo。

2. 文件组织

一个 JSP 文件应依次包括如下几部分：
- 开头注释；
- JSP 头格式；

- JSP 语法；
- JavaScript 编码；
- 注释；
- HTML 编码规范。

3. 文件注释

所有的源文件都应该在开头列出文件名、版本信息、日期、创建人和修改人，应当使用隐藏的注释来防止输出的 HTML 文件过大。

```
<%--
  -文件名:
  -日期:
  -版权声明:
  -创建人:
  -修改人:
  -备注:
- -%>
```

4. JSP 头格式

类的引入要进行分类处理，系统类要和自建类分开，先引进系统类再引进自建类。超出了正常宽度的 JSP 的网页(80 个字符)指令应该被分为多行。

统一按照如下格式编写。

如果引入的类只有一个，格式为：

```
<%@page import="java.util.Iterator " %>
```

类的引入不能用 * 代替，用到哪个类时就引入哪个类。不能这样引入类：

```
<%@page import="java.sql.* ;" %>
```

如果引入的类超过一个，应避免写成：

```
<%@page import="java.util.Iterator " %>
<%@page import=" java.sql.Connection " %>
```

尽量写成如下形式：

```
<%@ import=
"java.sql.Connection",
"java.sql.Statement",
"java.sql.ResultSet",
"com.db.DBCom",
"com.info.StudentInfo"
%>
```

5. 错误页面

每个 JSP 文件中应使用一个错误页面来处理不能恢复的异常。

`<%@ page errorPage="error.jsp" %>`

6. page 指令

在一个页面中使用的多个<% @ page %>指令，其作用范围都是整个 JSP 页面。为了保证 JSP 程序的可读性，最好把它放在 JSP 文件的顶部。其中的属性只能用一次，唯一的例外是 import 属性，它可以使用多次。

7. JSP 语法

1) 声明变量和方法

声明必须以";"结尾。例如：

`<%! int i=0; %>`
`<%! Circle a=new Circle(2.0); %>`

JSP 声明应遵循 Java 声明的编码规范，如一行仅声明一个变量，一个声明仅在一个页面中有效。如果想每个页面都用到一些声明，最好把它们写成一个单独的文件，然后用<%@ include %>或<jsp:include>元素包含进来。

2) 表达式

有三种方式实现 JSP 表达式，即：

• 显式的 Java 代码，如：

`<%=myBean.getName()%>`

• JSP 标签，如：

`<jsp:setProperty name="myBean" propertyr="name"/>`

• 表达式语言，如：

`<c:out value="$ {myBean.name}"/>`

推荐使用表达式语言方式，一般不使用 JSP 标签方式。
表达式的顺序是从左到右，不能用";"结尾，例如：

`<%=map.size()%>`

3) out.pringln()

在 JSP 中应该避免使用 out.pringln()产生页面内容，JSP 层不应该直接访问数据。

4) forward、include

如果使用了<jsp:forward>和<jsp:include>标记，并且必须使用简单类型的值来与外部页面进行通信，就应当使用一个或多个<jsp:parameter>元素。例如：

```
<jsp:forward page="toUrlPage.jsp">
<jsp:parameter name="id" value="110"/>
</jsp:forward>
    <jsp:include page="includeUrlPage.jsp">
    <jsp:parameter name="id" value="110"/>
    <jsp:parameter name="info" value="test"/>
</jsp:forward>
```

5）缩进

在 JSP 页面中书写的 Java 代码时，要以 4 个空格为单位缩进。

语法符号＜%、%＞必须顶格书写：

```
<%
if(ture)
{
    temp++;
}
%>
```

6）JavaScript 编码

在 JSP 页面中能用 JavaScript 实现的功能尽量用 JavaScript 实现。如果有比较通用而且经常使用的 JavaScript 函数，可以写成 JSP 文件，供大家使用。在 JSP 页面中书写 JavaScript 函数的具体位置应该在 HTML 标签＜/head＞之后、＜body＞之前。

7）注释

JSP 注释又称为服务器端注释，这种注释对客户端是不可见的。JSP 注释可分为两种：脚本内的 Java 风格的注释及纯 JSP 风格的注释，推荐使用纯 JSP 风格的注释。

- 单行注释：

```
<%/** ... */ %><%/* ... */ %><%// ... %><%-- ... --%>
```

- 多行注释：

```
<%/** ... **/ %><%--…--%>
<%////...//%>
```

在＜%--、--%＞之间，可以任意写注释语句，但是不能使用 --%＞，如果一定要使用，请用 --%\＞。

A.2　Ajax 与 jQuery

1. Ajax

Ajax 即 Asynchronous JavaScript and XML（异步 JavaScript 和 XML），指创建交互式网页应用的网页开发技术，是一种用于创建快速动态网页的技术。

通过在后台与服务器进行少量数据交换，Ajax可以使网页实现异步更新。这意味着可以在不重新加载整个网页的情况下，对网页的某部分进行更新。

对传统的网页（不使用 Ajax）如果需要更新内容，则必须重载整个网页页面。

2. jQuery

jQuery以写更少的代码、做更多的事情为宗旨。jQuery是一个快速、简洁的JavaScript库，使用户能够方便地遍历HTML文档，操作DOM，处理事件，实现动画效果和提供Ajax交互。此外，jQuery兼容CSS3.0及各种浏览器。

jQuery的优势：①利用CSS的优势；②良好的浏览器兼容性；③优秀的DOM操作封装和事件处理；④多重操作集于一行；⑤完善的Ajax；⑥支持扩展等。

3. JQuery 与 Ajax 常用方法

jQuery确实是一个很好的轻量级的JS框架，能帮助我们快速地开发JS应用，并在一定程度上改变了写JavaScript代码的习惯。

这些方法都是对jQuery.ajax()进行封装以方便我们使用。当然，如果要处理复杂的逻辑，就需要用到jQuery.ajax()（后面会说明）。

(1) load(url, [data], [callback])：载入远程HTML文件代码并插入DOM中。

url(String)：请求的HTML页的URL地址。

data(Map):（可选参数）发送至服务器的key/value数据。

callback(Function):（可选参数）请求完成时（不要求是success的）的回调函数。

这个方法默认使用get方法来传递。如果[data]参数传递数据进去，就会自动转换为post方法。在jQuery 1.2中，可以指定选择符来筛选载入的HTML文档，DOM中仅插入筛选出的HTML代码。语法形如 url♯some>selector。

用这个方法可以很方便地动态加载HTML文件，例如表单。

示例代码如下：

```
$(".ajax.load").load("http://www.cnblogs.com/QLeelulu/archive/2008/03/30/1130270.html .post",
    function(responseText, textStatus, XMLHttpRequest){
    this;                        //this 指向当前的 DOM 对象，即$(".ajax.load")[0]
    //alert(responseText);        //请求返回的内容
    //alert(textStatus);          //请求状态:success,error
    //alert(XMLHttpRequest);      //XMLHttpRequest 对象
});
```

这里将显示结果。

注意：下面的get()和post()示例使用的是绝对路径，所以在FF下将会出错而不会看到返回结果。get()和post()示例都是跨域调用的，发现传上来后没办法获取结果，所以把运行按钮去掉了。

（2）jQuery.get(url,[data],[callback])：使用 get 方法来进行异步请求。

参数如下：

url(String)：发送请求的 URL 地址。

data(Map)：(可选)要发送给服务器的数据，以 key/value 的键值对形式表示，会作为 QueryString 附加到请求 URL 中。

callback(Function)：(可选)载入成功时回调函数(只有当 Response 的返回状态是 success 时才调用该方法)。

这是一个简单的 get 请求功能，可以取代复杂的 $.ajax。请求成功时,可调用回调函数。如果需要在出错时执行函数,请使用 $.ajax。示例代码如下：

```
$.get("./Ajax.aspx", {Action:"get",Name:"lulu"}, function(data, textStatus){
    //返回的 data 可以是 xmlDoc,jsonObj,html,text 等
    this;                          //在这里 this 指向 Ajax 请求的选项配置信息
    alert(data);
    //alert(textStatus);           //请求状态:success、error 等
        //当然这里捕捉不到 error,因为出错时候根本不会运行该回调函数
    //alert(this);
});
```

单击发送请求。jQuery.get()回调函数里面的 this 指向 Ajax 请求的选项配置信息，如图 A.1 所示。

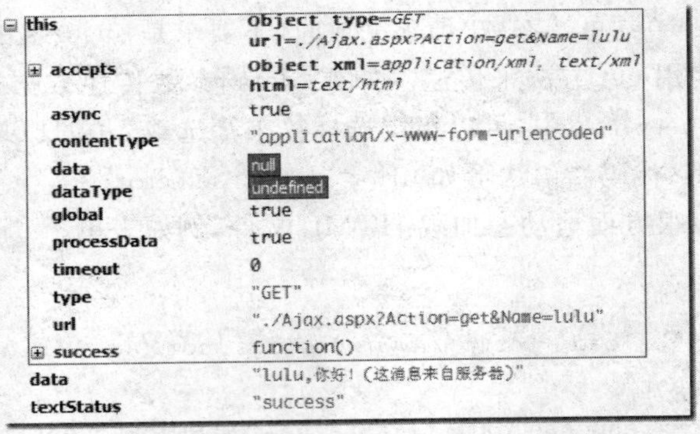

图 A.1　Ajax 请求的选项配置信息

（3）jQuery.post(url,[data],[callback],[type])：使用 post 方法进行异步请求。

参数如下：

url(String)：发送请求的 URL 地址。

data(Map)：(可选)要发送给服务器的数据，以 key/value 的键值对形式表示。

callback(Function)：(可选)载入成功时回调函数(只有当 Response 的返回状态是 success 时,才调用该方法)。

type(String)：(可选)官方的说明是：Type of data to be sent。其实应该为客户端请求的类型(JSON、XML 等)。

这是一个简单的 post 请求功能,可以取代复杂的 $.ajax。请求成功时,可调用回调函数。如果需要在出错时执行函数,请使用 $.ajax。示例代码如下。

Ajax.aspx:

```
Response.ContentType="application/json";
Response.Write("{result: '"+Request["Name"]+",你好!(这消息来自服务器)'}");
```

jQuery 代码:

```
$.post("Ajax.aspx", { Action: "post", Name: "lulu" },function(data, textStatus){
        //data 可以是 xmlDoc、jsonObj、html、text 等
        //this;                    //该 Ajax 请求的选项配置信息,请参考 jQuery.get()
        alert(data.result);
    }, "json");
```

单击提交。

这里设置了请求的格式为 json,如图 A.2 所示。

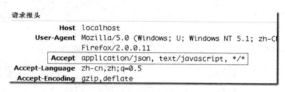

图 A.2　请求的格式为 json

如果设置了请求的格式为 json,此时没有设置 Response 回来的 ContentType 为:Response.ContentType="application/json";那么将无法捕捉到返回的数据。

注意:alert(data.result);由于设置了 Accept 报头为 json,这里返回的 data 就是一个对象,不需要用 eval()来转换为对象。

(4) jQuery.getScript(url, [callback]):通过 get 方法请求载入并执行一个 JavaScript 文件。

参数如下:

url(String):待载入的 JS 文件地址。

callback(Function):(可选)成功载入后回调函数。

在 jQuery 1.2 版本之前,getScript 只能调用同域 JS 文件。在 jQuery 1.2 中,可以跨域调用 JS 文件。注意:Safari 2 或更早的版本不能在全局作用域中同步执行脚本。如果通过 getScript 加入脚本,请加入延时函数。

下面举例说明。

例如,只有编辑器 focus()时才去加载编辑器需要的 JS 文件。

加载并执行 test.js。

jQuery 代码如下:

```
$.getScript("test.js");
```

加载并执行 AjaxEvent.js,成功后显示信息。

jQuery 代码如下:

```
$.getScript("AjaxEvent.js", function(){
        alert("AjaxEvent.js 加载完成并执行完成。再单击上面的 Get 或 Post 按钮看看有
    什么不同。");
});
```

加载完后请重新单击上面的 Load 请求,看看有什么不同。

4. jQuery Ajax 事件

Ajax 请求会产生若干不同的事件,可以订阅这些事件并在其中处理逻辑。在 jQuery 中有两种 Ajax 事件:局部事件和全局事件。

局部事件是每次 Ajax 请求时在方法内定义的。例如:

```
$.ajax({
   beforeSend: function(){
//Handle the beforeSend event
   },
   complete: function(){
//Handle the complete event
   }
//...
});
```

全局事件每次 Ajax 请求都会触发,它会向 DOM 中的所有元素广播。在上面 getScript()示例中加载的脚本就是全局 Ajax 事件。全局事件可以如下定义:

```
$("#loading").bind("ajaxSend", function(){
    $(this).show();
}).bind("ajaxComplete", function(){
    $(this).hide();
});
```

或者:

```
$("#loading").ajaxStart(function(){
    $(this).show();
});
```

可以在特定的请求中将全局事件禁用,只要设置 global 选项就可以了:

```
$.ajax({
   url: "test.html",
   global: false,                      //禁用全局 Ajax 事件
//...
});
```

下面是 jQuery 官方给出的完整的 Ajax 事件列表：
- ajaxStart（全局事件）

开始新的 Ajax 请求，并且此时没有其他 Ajax 请求正在进行。
- beforeSend（局部事件）

在发送请求之前调用，并且传入一个 XMLHttpRequest 作为参数。
- ajaxSend（全局事件）

在请求开始前触发的全局事件。
- success（局部事件）

请求之后调用该函数。传入返回后的数据以及包含成功代码的字符串。
- ajaxSuccess（全局事件）

全局的请求成功后触发的全局事件。
- error（局部事件）

在请求出错时调用。传入 XMLHttpRequest 对象、描述错误类型的字符串以及一个异常对象（如果有的话）。
- ajaxError（全局事件）

全局错误发生时触发的全局事件。
- complete（局部事件）

无论成功或失败，请求完成之后调用这个函数。传入 XMLHttpRequest 对象以及一个包含成功或错误代码的字符串。
- ajaxComplete（全局事件）

全局的请求完成时触发的事件。
- ajaxStop（全局事件）

当没有 Ajax 正在进行时，触发该事件。

具体的全局事件请参考 API 文档。

下面介绍 jQuery 功能最强的 Ajax 请求方法 $.ajax()。

jQuery.ajax(options)：通过 HTTP 请求加载远程数据。

这是 jQuery 的底层 Ajax 实现。简单易用的高层实现见 $.get、$.post 等。

$.ajax() 返回其创建的 XMLHttpRequest 对象。大多数情况下无须直接操作该对象，但特殊情况下可用于手动终止请求。

注意：如果指定了 dataType 选项，确保服务器返回正确的 MIME 信息（如 xml 返回"text/xml"）。错误的 MIME 类型可能导致不可预知的错误。

当设置 dataType 类型为'script'时，所有的远程（不在同一个域中）post 请求都会转换为 get 方式。

$.ajax() 只有一个参数：key/value 对象，包含各配置及回调函数信息。

在 jQuery 1.2 中，可以跨域加载 json 数据，使用时需将数据类型设置为 jsonp。使用 jsonp 形式调用函数时，如 "myurl?callback=?"，jQuery 将自动替换"?"为正确的函数名，以执行回调函数。数据类型设置为 jsonp 时，jQuery 将自动调用回调函数。

参数列表如表 A.1 所示。

表 A.1 参数列表

参数名	类型	描述
url	String	（默认：当前页地址）发送请求的地址
type	String	（默认：get）请求方式（post 或 get），默认为 get。注意：其他 HTTP 请求方法，如 put 和 delete 也可以使用，但仅部分浏览器支持
timeout	Number	设置请求超时时间（毫秒），此设置将覆盖全局设置
async	Boolean	（默认：true）默认设置下，所有请求均为异步请求。如果需要发送同步请求，请将此选项设置为 false。注意，同步请求将锁住浏览器，用户其他操作必须等待请求完成才可以执行

beforeSend	Function	发送请求前可修改 XMLHttpRequest 对象的函数，如添加自定义 HTTP 头。XMLHttpRequest 对象是唯一的参数。
		function (XMLHttpRequest) {
		this; // 该 Ajax 请求的选项信息
		}

cache	Boolean	（默认：true）jQuery 1.2 的新功能，设置为 false 将不会从浏览器缓存中加载请求信息

complete	Function	请求完成后回调函数（请求成功或失败时均调用）。参数：XMLHttpRequest 对象，成功信息字符串。
		function (XMLHttpRequest, textStatus) {
		this; // 该 Ajax 请求的选项信息
		}

contentType	String	（默认："application/x-www-form-urlencoded"）发送信息至服务器时的内容编码类型，默认值适合大多数应用场合
data	Object,String	发送到服务器的数据，将自动转换为请求字符串格式。get 请求中将附加在 URL 后。查看 processData 选项说明禁止此自动转换。必须为 key/value 格式，如果为数组，jQuery 将自动为不同值对应同一个名称。如： {foo:["bar1", "bar2"]} 转换为 '&foo=bar1&foo=bar2'
dataType	String	预期服务器返回的数据类型。如果不指定，jQuery 将自动根据 HTTP 包 MIME 信息返回 responseXML 或 responseText，并作为回调函数参数传递。可用值： "xml"：返回 XML 文档，可用 jQuery 处理。 "html"：返回纯文本 HTML 信息，包含 Script 元素。 "script"：返回纯文本 JavaScript 代码，不会自动缓存结果。 "json"：返回 json 数据。 "jsonp"：jsonp 格式。使用 jsonp 形式调用函数时，如 "myurl?callback=?"，jQuery 将自动替换"?"为正确的函数名，以执行回调函数

续表

参数名	类型	描述

error	Function	（默认：自动判断(XML 或 HTML)）请求失败时将调用此方法。这个方法有三个参数：XMLHttpRequest 对象、错误信息、(可能)捕获的错误对象。
		function (XMLHttpRequest, textStatus, errorThrown) {
		// 通常情况下 textStatus 和 errorThrown 只有其中一个有值
		this; // 该 Ajax 请求的选项信息
		}

global	Boolean	（默认：true）是否触发全局 Ajax 事件。设置为 false 将不会触发全局 Ajax 事件，如 ajaxStart 或 ajaxStop。可用于控制不同的 Ajax 事件
ifModified	Boolean	（默认：false）仅在服务器数据改变时获取新数据。使用 HTTP 包 Last-Modified 头信息判断
processData	Boolean	（默认：true）默认情况下，发送的数据将被转换为对象（技术上讲并非字符串）以配合默认内容类型 "application/x-www-form-urlencoded"。如果要发送 DOM 信息或其他不希望转换的信息，请设置为 false

success	Function	请求成功后回调函数。这个方法有两个参数：服务器返回数据、返回状态。
		function (data, textStatus) {
		// xmlDoc、jsonObj、HTML、text 等数据
		this; // 该 Ajax 请求的选项信息
		}

这里有几个 Ajax 事件参数：beforeSend、success、complete、error，可以定义这些事件参数来处理每一次 Ajax 请求。注意，这些 Ajax 事件里的 this 都指向 Ajax 请求的选项信息。

请认真阅读上面的参数列表。如果要用 jQuery 来进行 Ajax 开发，那么必须熟知这些参数。

示例代码，获取博客园首页的文章题目：

```
$.ajax({
    type: "get",
    url: "http://www.cnblogs.com/rss",
    beforeSend: function(XMLHttpRequest){
        //ShowLoading();
    },
    success: function(data, textStatus){
        $(".ajax.ajaxResult").html("");
        $("item",data).each(function(i, domEle){
            $(".ajax.ajaxResult").append("<li>"+$(domEle).children
            ("title").text()+"</li>");
```

```
        });
    },
    complete: function(XMLHttpRequest, textStatus){
        //HideLoading();
    },
    error: function(){
        //请求出错处理
    }
});
```

这里将显示首页文章列表。

5. 其他

jQuery.ajaxSetup(options):设置全局 Ajax 默认选项。

设置 Ajax 请求默认地址为 "/xmlhttp/",禁止触发全局 Ajax 事件,用 post 代替默认 get 方法。其后的 Ajax 请求不再设置任何选项参数。

jQuery 代码:

```
$.ajaxSetup({
  url: "/xmlhttp/",
  global: false,
  type: "POST"
});
$.ajax({ data: myData });
```

6. serialize()与 serializeArray()

serialize():序列表,表格内容为字符串。

serializeArray():序列化表格元素(类似 serialize()方法),返回 json 数据结构数据,如图 A.3 所示。

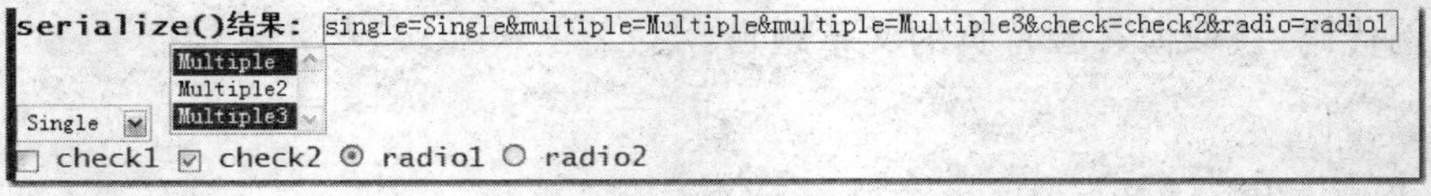

serialize()结果: single=Single&multiple=Multiple&multiple=Multiple3&check=check2&radio=radio1

图 A.3 序列表

HTML 示例代码:

```
<pid="results"><b>Results:</b></p>
<form>
<selectname="single">
<option>Single</option>
<option>Single2</option>
</select>
```

```
<selectname="multiple"multiple="multiple">
<optionselected="selected">Multiple</option>
<option>Multiple2</option>
<optionselected="selected">Multiple3</option>
</select><br/>
<inputtype="checkbox"name="check"value="check1"/>check1
<inputtype="checkbox"name="check"value="check2"
checked="checked"/>check2
<inputtype="radio"name="radio"value="radio1"
checked="checked"/>radio1
<inputtype="radio"name="radio"value="radio2"/>radio2
</form>
```

serializeArray()结果如图 A.4 所示。

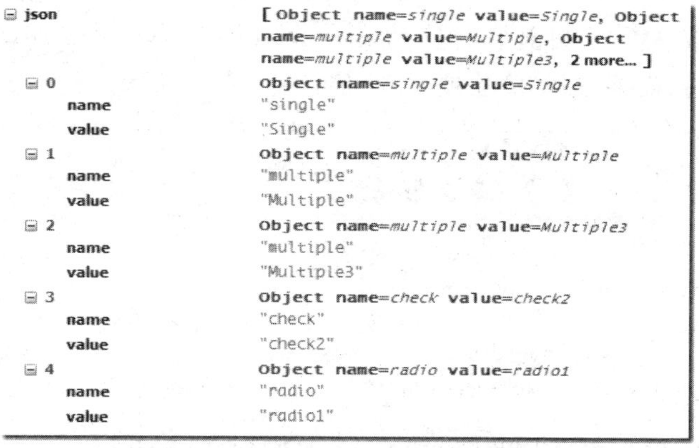

图 A.4 序列化表格元素为 json 格式的数据

A.3 SVN

1. 使用版本控制软件的理由

- 及时了解团队中其他成员的进度。
- 轻松比较不同版本中的细微差别。
- 记录每个文件变化的每步细节，利于成果的复用。
- 资料共享，避免了以往依靠复制文件造成的版本混乱。
- 人人为我，我为人人。所有成员维护的实际是同一个版本库，无须专人维护所有文件的最新版本。
- 无论团队成员分布在天涯还是海角都可协同工作，大大提高了团队的工作效率。

2. SVN 介绍

SVN 全名为 Subversion,即版本控制系统。SVN 与 CVS 一样,是一个跨平台的软件,支持大多数常见的操作系统。作为一个开源的版本控制系统,SVN 管理着随时间改变的数据。这些数据放置在一个中央资料档案库(repository)中。这个档案库很像一个普通的文件服务器,不过它会记住每一次文件的变动,这样就可以把档案恢复到旧的版本,或是浏览文件的变动历史。SVN 是一个通用的系统,可用来管理任何类型的文件,其中包括了程序源码。

TortoiseSVN 是 SVN 客户端程序,为 Windows 外壳程序集成到 Windows 资源管理器和文件管理系统的 SVN 客户端。

3. SVN 安装步骤

第一步:下载 SVN。可到官方网站 http://tortoisesvn.net/downloads.html 下载所需要的版本,根据需要选择 32 位或者 64 位,如图 A.5 所示。

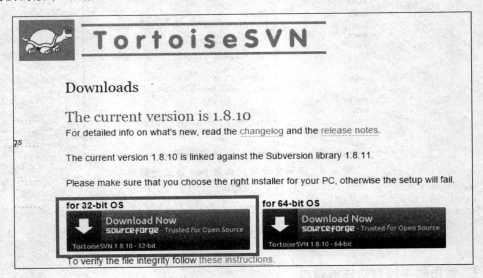

图 A.5 下载 32 位的 TortoiseSVN

第二步:下载之后,双击后缀名为 msi 的 SVN 安装包,会弹出安装界面。一直单击 Next 按钮至 Install 即可,等待片刻即安装完成,如图 A.6～图 A.11 所示。

安装完成后,系统提示是否重启,单击 Yes 按钮(因为不重启可能会使显示不正确),如图 A.12 所示。

如何判断客户端安装成功呢?在任一文件夹中单击鼠标右键,如果显示如图 A.13 所示,则说明安装是成功的。

附录 A 269

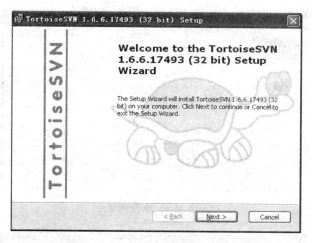

图 A.6 开始安装

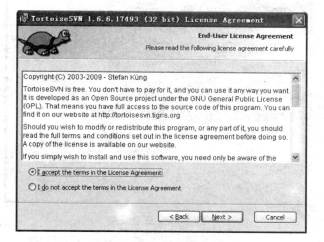

图 A.7 接受协议

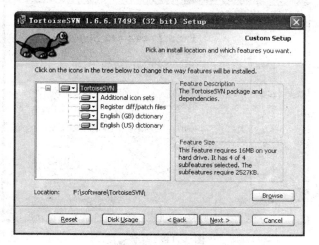

图 A.8 选择安装的组件和安装位置

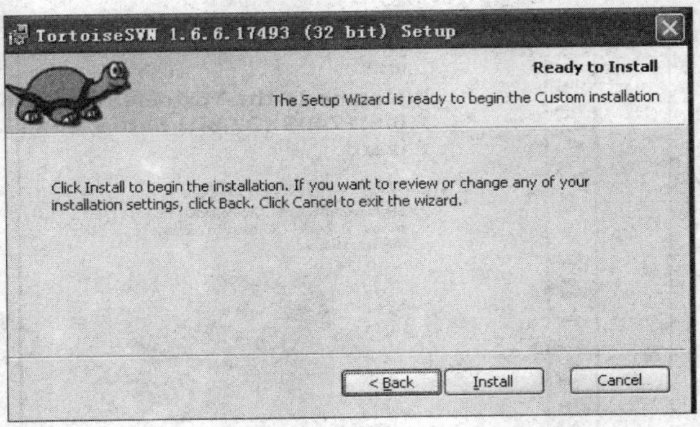

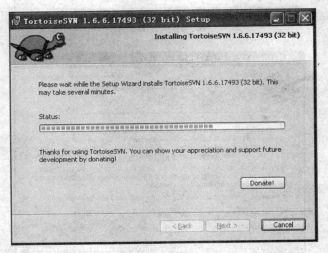

图 A.9　准备完成

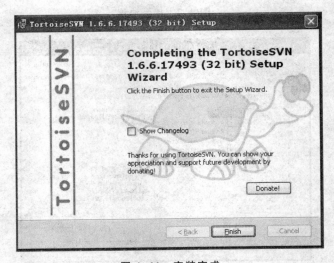

图 A.10　正在安装

图 A.11　安装完成

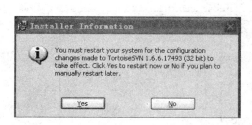

图 A.12　重启系统

图 A.13　在桌面单击鼠标右键

4. SVN 使用方法

（1）选定本地的一个文件夹存放从服务器下载的代码。然后右键单击这个文件夹，选择 SVN Checkout，如图 A.14 所示。

（2）填写仓库地址（URL），其他地方不用修改。Revision 处可以修改，表示从指定的版本号开始。单击 OK 按钮就开始下载了，如图 A.15 所示。

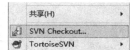

图 A.14　检出代码

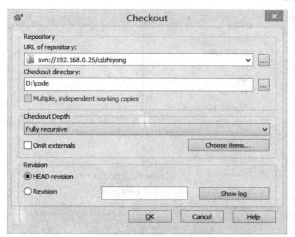

图 A.15　检出代码设置窗口

（3）下载成功后，可以看到如图 A.16 所示的文件夹，前面会有个绿色的对号。

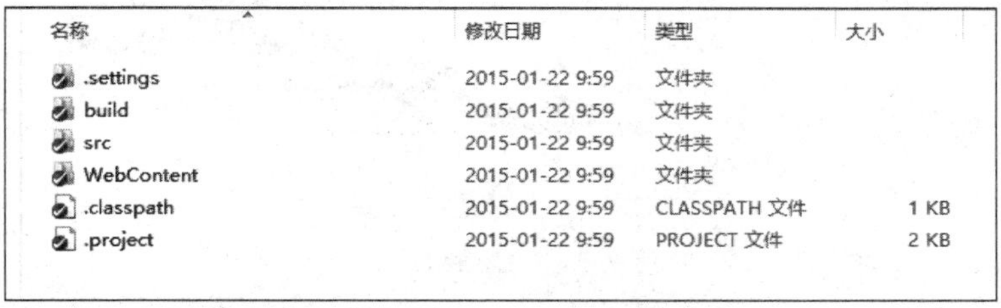

图 A.16　检出成功

（4）如果文件修改了，图标上会变成惊叹号。如果要提交修改的文件，可以右键单击该文件或者选中多个修改的文件，选择 SVN Commit，如图 A.17 所示。

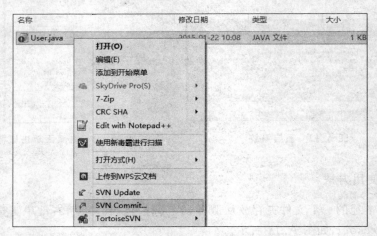

图 A.17 文件修改提交

（5）如果要提交新添加的文件，可右键单击文件，选择 TortoiseSVN→Add，如图 A.18 所示。

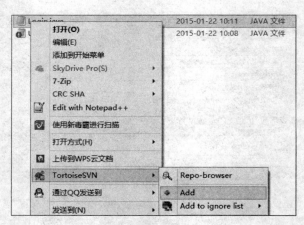

图 A.18 添加新的文件